钢纤维混凝土动力特性

焦楚杰　孙　伟　高培正　蒋国平　孙　蓓　著

U0312156

科学出版社

北　京

内 容 简 介

本书以试验研究和理论分析为主,辅以数值仿真,介绍钢纤维混凝土(SFRC)的静态、准静态、动态力学性能研究成果。主要包括以下内容:第1章介绍研究背景、国内外研究历史与现状;第2章论述 SFRC 的制备技术与主要静态力学性能;第3章论述 SFRC 在准静态条件下的单轴受压特性,测试其轴心抗压强度、压缩韧度、弹性模量与泊松比,研究钢纤维体积率(V_f)对上述性能的影响,建立其准静态单轴压缩本构方程;第4章论述 SFRC 在中应变率条件下的冲击压缩特性,测试材料在中应变率下的强度、应变、应力-应变曲线,研究 V_f 和应变率对材料动态抗压强度、韧度的影响,建立其准一维动态本构方程;第5章论述 SFRC 抗冲击拉伸特性;第6章论述 SFRC 在一级轻气炮高速冲击、高应变率条件下的性能,并建立了高压状态方程;第7章对 SFRC 动态力学性能进行数值仿真。

本书可作为土木工程、材料科学与工程、力学等相关专业高年级本科生和研究生的学习用书,也可作为相关领域科技人员的参考资料。

图书在版编目(CIP)数据

钢纤维混凝土动力特性/焦楚杰等著. —北京:科学出版社,2019.6
ISBN 978-7-03-060167-4

Ⅰ.①钢…　Ⅱ.①焦…　Ⅲ.①金属纤维-纤维增强混凝土-动力特性
Ⅳ.①TU528.572

中国版本图书馆 CIP 数据核字(2018)第 291140 号

责任编辑:周　炜 / 责任校对:郭瑞芝
责任印制:吴兆东 / 封面设计:陈　敬

科学出版社 出版
北京东黄城根北街 16 号
邮政编码:100717
http://www.sciencep.com

北京虎彩文化传播有限公司 印刷
科学出版社发行　各地新华书店经销
*
2019 年 6 月第　一　版　开本:720×1000 B5
2019 年 6 月第一次印刷　印张:12 1/4
字数:247 000
定价:98.00 元
(如有印装质量问题,我社负责调换)

前　言

　　武器与防护是一对原始意义上的"矛"和"盾"，人类战争史是攻防手段相互促进的历史。高新技术武器大量涌入战场，对防护工程造成越来越严峻的威胁，如何防御以"快、准、狠"著称的现代常规武器，使其进不来、打不中、钻不深、穿不透，是防护工程体系刻不容缓的高难度课题。其中，先进的防护工程材料研发及其动态力学性能研究，则是该课题的核心内容之一。

　　作者有幸得到孙伟院士和高培正研究员的联合培养，步入高性能混凝土材料及其抗冲击与爆炸研究领域。10多年来，主持和参加国家、国防、省部级科研项目13项，基于科研项目成果，撰写成本书。

　　钢纤维混凝土是个大家族，组分不同则性能不同，从现代战争特点和战争需求出发，研究开发适用于不同战场条件、应用于不同防护对象、具有不同性能特点的钢纤维混凝土，对提高防护工程综合防护能力非常重要。本书选择基体强度为C40、C100、RPC200，钢纤维体积率为1‰～5‰的钢纤维混凝土进行研究，包括制备技术和动力特性两个方面，其中后者是本书研究重点。

　　本书以试验研究与理论分析相结合，辅以数值仿真方法，对钢纤维混凝土的准静态、中应变率和高应变率力学性能进行深入研究。研究的材料涉及普通混凝土、高强混凝土、活性粉末混凝土、钢纤维混凝土、聚丙烯纤维混凝土、聚丙烯纤维-钢纤维混凝土等；相应的材料性能包括准静态力学性能、SHPB（分离式Hopkinson压杆）冲击压缩性能、冲击劈裂拉伸性能、层裂性能、轻气炮高速冲击性能；主要成果包括钢纤维混凝土准静态本构方程、动态本构方程、高压状态方程，以及相关参数。上述内容对军事和民用防护工程的设计、计算与数值仿真具有参考价值。

　　本书由焦楚杰制订大纲，并撰写第1～5章，孙伟院士和高培正研究员对第1～5章进行了指导与校核；蒋国平负责第6章的试验工作与第7章的仿真，高乐参加了第6章的试验工作，孙蓓撰写第6章和第7章并校核。全书由焦楚杰统稿。

　　本书相关的研究得到了国家自然科学基金项目"生态活性粉末混凝土冲击本构关系和高压状态方程"（50708022）、"混杂纤维高强混凝土的抗冲击性能"（51278135）和"钢纤维轻骨料混凝土抗冲击试验与抗爆炸仿真"（51478128）支持，在此表示衷心的感谢。

本书的研究属于混凝土材料和防护工程的前沿科学,研究难度较大,其中许多问题仍处于探索阶段,加之作者水平有限,书中难免存在疏漏和不妥之处,敬请读者批评指正。

目　　录

第1章 绪 论

1.1 研 究 背 景

根据《2002 年中国的国防》白皮书[1]，中国国防的目标和任务之一是巩固国防、防备和抵御侵略。在新时期国土防卫作战中，防护工程具有举足轻重的地位。

武器与防护是"矛"与"盾"的关系，欲坚己之盾，须知敌之矛。国外常规高技术武器的主要特点可概括为五个方面[2]。

(1) 提高隐身突防能力。利用隐身技术，不易被发现，突破对方防御体系，实施打击。

(2) 提高精确制导能力。直接命中概率大于 50% 的制导武器称为精确制导武器，这种武器在战争中使用量越来越大[3]。

(3) 提高远距离攻击能力。包括强化导弹推进系统，利用空中加油使飞机增强长途奔袭能力，大口径远程火炮等，从而形成远程攻击为主的作战方式。

(4) 提高打击毁伤能力。关键是提高命中精度，提高战斗部(弹头)威力，从而增强对目标，特别是对硬目标的打击毁伤能力。例如，联合制导攻击武器(joint direct attack munition，JDAM)，命中精度在 4m 以内，钻混凝土深度 1.8～2.4m[4]，1999 年 5 月 7 日，它曾用于攻击中国驻南联盟大使馆，5 枚 JDAM 全部命中目标，并钻至使馆地下室爆炸。此外，还有用于攻击阿富汗和伊拉克的 GBU-28 导弹，命中精度为 1～2m，可钻透混凝土 6m[5,6]。

(5) 提高防御对抗能力。抗精确制导武器，摧毁来袭导弹(反导)；击毁对方发射和运载工具；破坏对方信息指挥和管理系统。

如何防御上述高技术武器以及未来更加先进的武器，使其进不来、打不中、钻不深、穿不透，是防护工程体系刻不容缓的高难度课题。

以防护目标为中心，对敌来袭武器实施高效的防空火力打击，构成远近结合、高低衔接的立体环形火网，层层拦截，同时采取电磁干扰，这是积极的防御方式。但是，对于具有低空突防、抗干扰制导方式、机动性、隐身设计以及超高速等优点的导弹与炸弹，在防空武器难以施展威力和发挥作用的情况下，还必须靠防护工程本身的结构予以抗击。

就防护工程本身结构来说，通过几十年的努力，我军已形成一定数量且能抵御多种武器打击的防护工程。但早期建造的部分防护工程，受当时经济和建设技术条件限制,不一定还能满足防御新世纪高技术武器的要求。我国防护工程的加固与新建是当务之急。

防护工程的加固与新建,必然涉及工程材料的选择。防护工程的使用寿命(即服役年限)较长,工程材料的选择如果只反映建设时期武器装备的发展水平,那么在防护工程的使用期间,许多陆续研制成功的高技术武器,将给防护工程带来很大的威胁。这就需要加固与新建防护工程时,在材料选择上考虑武器的发展,适当开展超前预先研究,以满足攻防技术发展的需要。

1.2　钢纤维混凝土适用于防护工程的特性

钢纤维混凝土(steel fiber reinforced concrete,SFRC)是在脆性易裂的混凝土基体中掺入乱向分布的短钢纤维所形成的一种多相、多组分水泥基复合材料,因其具有优异的物理、力学性能,应用前景十分广阔。尤其在防护工程领域,更突出地显示其六个方面的优越性。

1.2.1　强度和韧性

材料的增强、增韧和阻裂能力是混凝土结构改革与创新的关键,尤其是影响防护工程抗爆与抗冲击性能的主要因素。

钢纤维的掺入,对混凝土基体产生了增强、增韧和阻裂效应[7,8],从而显著地提高了混凝土的抗拉强度[9]和主要由主拉应力控制的弯曲强度[10]、剪切强度[11]、抗扭强度[12],当纤维体积率(V_f)为 1%～2%时,与基体混凝土相比,抗拉强度提高 40%～80%,弯曲强度提高 60%～120%,抗剪强度提高 50%～100%[13]。

韧性是衡量塑性变形性能的重要指标,当 $V_f = 1\%～2\%$时,压缩韧性可提高 2～7 倍[14],弯曲韧性可提高几倍至几十倍[15],弯曲冲击韧性可提高 2～4 倍[16],板式试块落球(锤)法击碎试验所测得的冲击韧性可提高几倍至几十倍[17,18]。

更为重要的是,钢纤维在混凝土中趋近三维乱向分布,使构件在各个方向抗拉与吸收动能的能力比较接近,可以有效地克服防护工程中普通钢筋混凝土的如下困难:

(1)集中动荷载(炮弹、导弹的攻击)作用的部位一般不容易预料,因此在设计时也难以很理想地把钢筋布置在构件的受拉区。

(2)强动荷载作用时,材料的变形往往来不及传递,而普通混凝土吸收动能的能力较低,故强动荷载很可能造成防护工程结构局部严重破坏。

(3)强动荷载作用时,材料内部的应力分布很复杂,应力是以应力波的方式传播的,在混凝土内部及混凝土与钢筋界面上会发生反射,由压缩波变为拉伸波或由拉伸波变为压缩波,因此很难清楚钢筋混凝土构件内的应力分布,这就造成设计时配筋困难,若按传统的方法在混凝土各个部位都密布钢筋,则成本大幅增加,混凝土浇筑极其困难。

综上所述,在强度和韧性方面,SFRC 比普通混凝土具有更强的抗爆与抗冲击能力。

1.2.2 疲劳性能

SFRC 的弯曲疲劳和抗压疲劳性能较普通混凝土都有很大的改善。例如,当弯曲疲劳寿命为 10^6 次时,$V_f=1.5\%(l_f/d_f=58)$ 的 SFRC 的应力比为 0.68,而普通混凝土仅达 0.51;当应力比为 0.7 时,SFRC 弯曲疲劳寿命超过 10^5 次,而普通混凝土仅为 850 次;$V_f=2\%$ 的 SFRC 抗压疲劳寿命达 2×10^6 次时,应力比可达 0.92,而普通混凝土的应力比仅为 0.56[14]。

由此可见,对于承受疲劳荷载的道路、桥梁以及沿江、沿海等设施,采用 SFRC 建造,会显著提高其抗疲劳寿命。

1.2.3 物理耐久性

一般说来,SFRC 在各种物理因素下的耐久性都有不同程度的提高,其中耐冻融性、耐高温性有显著提高。

我国东北、华北、西北与西藏地区,冬季时间长,昼夜温差大,最低气温低,在这些地区,普通混凝土野战工事耐久性欠佳[19]。SFRC 具有很好的耐冻融性能,试验表明[20],普通混凝土试块经过不到 800 次冻融循环就破坏,而 $V_f=2\%$ 的 SFRC 试块破坏时,冻融循环达到 1050 次。由此可见,SFRC 能够满足寒冷地区防护工程所必备的良好抗冻融性能。

SFRC 耐高温性能良好,据报道[21],不锈钢纤维增强混凝土用于温度达 1000℃以上水泥窑衬、玻璃窑衬与钢水罐内衬,使这些构件的寿命都比普通混凝土或耐火砖构件的寿命延长 2~4 倍。研究人员对 $V_f=1.5\%\sim3\%$ 不锈钢 SFRC 与普通混凝土耐火构件在 1200℃下的性能进行了测定,发现 SFRC 的弯曲强度及冲击韧性较普通混凝土均有所提高,抗压强度不受影响[22]。SFRC 这种优异的耐高温性能也是防护工程所需要的。

1.2.4 化学耐久性

SFRC 在空气、污水和海水中都呈现良好的耐腐蚀性。SFRC 的碳化速度很慢,腐蚀介质很难侵入混凝土内部,钢纤维在混凝土中不连续乱向分布,很难形成高能量的局部电池效应,在有钢筋和裂缝存在时,钢纤维尚可使钢筋腐蚀的效应降低[23]。

美国、英国、澳大利亚等国研究人员对 SFRC 在海滨潮汐循环作用下的耐腐蚀性问题做了许多研究[24~27]，得出结论为：暴露在污水和海水中 10 年后的试块碳化深度小于 5mm，只有表层的钢纤维产生锈斑，内部钢纤维未锈蚀，不会像普通钢筋混凝土钢筋锈蚀后，锈蚀层体积膨胀而将混凝土胀裂。

日本学者将 SFRC 浇筑包裹在钢管桩的外围，作为钢管桩的保护层，SFRC 厚分别为 50mm 和 100mm 两种，将其放入海水中进行防锈试验，4 年 5 个月后，距外表面深 5mm 以上的钢纤维无任何锈蚀，10 年后敲开保护层，钢管桩仍青亮无锈，而相同条件下，用普通混凝土作为保护层的钢管桩早已严重腐蚀[23]。

SFRC 这种化学耐久性的优点非常适合我国西北盐湖地区以及沿海的防护工程。

1.2.5　电磁波吸收性能

电磁波的防护技术是防护工程的一个新课题，主要在于三方面：

（1）电磁脉冲波是一种新概念武器，其破坏作用包括电效应（破坏和烧毁电子元件，破坏 C⁴I 系统）、热效应（灼伤人体、物体）和生物效应（通过与人体组织器官发生生物共振而引起伤害）。

（2）防护工程掩体内，空间狭窄，计算机网络、信息处理设备、电子通信设备及各种电器设备等，这些设备都发出电磁波，长期受电磁波密集辐射，会诱发人体多种疾病。

（3）军事机密通过电磁波泄露，会给国家的安全造成极大的损失。

杨海燕等研究了 SFRC 对军用频率范围电磁波的吸收衰减特性。研究表明，SFRC 在 2～18GHz 频率范围内有一定的吸波效果，4dB 带宽最高可达 15.28GHz，最大吸收率 9.8dB，而且在 x 频段其吸波性能比较稳定[28]。

李旭等研究了 V_f 为 1.22%～5.26% 的 SFRC 对微波的屏蔽和吸收性能的影响，发现当 V_f 增大时，吸波效果加强，在 3mm 波段范围内有较好的吸收效果，最大吸收率 10.8dB[29]。

研究表明，SFRC 对减弱电磁脉冲的穿透强度、减少电磁波对人体的辐射危害、防止电磁信号泄露和被侦测有一定的作用。

1.2.6　综合经济效益

考虑包括上述五个特性等多方面因素之后，SFRC 的性价比应该显著高于普通混凝土。中国人民解放军空军工程设计研究局对采用 C80SFRC 与 C30 普通混凝土的防护门进行了比较[14]。在防护门重量相同的情况下，前者抗力为后者的 2.4 倍，在通过炮弹、导弹对该试验的 SFRC 防护门实施攻击的防护效果试验中，与一般钢筋混凝土防护门相比，该防护门不但有良好的抗爆裂、抗破碎、抗震塌及抗冲击性能,有效地保护了库内装备的安全,而且门扇损伤范围小,容易修复。Hannant 研究表明[30],$V_f = 1.25\%$ 的 SFRC 板在爆炸作用下,最大碎片速度降低18%,可以减弱爆炸碎片对人员的杀伤力与对设备的破坏力。因此,军事和民用防护部门在选择防护工程材料时,不应只计一次性投资,而应考虑 SFRC 的优良使用性能、较低的维修费用和使用寿命延长所取得的综合经济效益。

1.3　国内外混凝土动力特性研究概况

混凝土是应用广泛的防护工程结构材料,混凝土科学的迅猛发展,通过优化材料组成结构和纤维增强技术,使其具有更强的抗冲击、抗爆炸能力成为可能。世界上大多数国家非常重视这种高性能混凝土的研究与应用,以抵抗现代高新技术武器的打击。抗冲击与抗爆炸的高性能混凝土的研制,必然涉及在冲击与爆炸的条件下,混凝土的动态响应特征与材料各参数之间的关系。这是防护工程界科研与技术工作者一直在努力探索以求解决或完善的问题。

在冲击与爆炸作用下,材料的变形和破坏规律与静态条件下的规律有很大的差异。材料的力学行为按其在荷载作用下的应变率可以进行如下划分[31]:

(1) 当 $10^{-6}\,\mathrm{s}^{-1} < \mathrm{d}\varepsilon/\mathrm{d}t < 10^{-4}\,\mathrm{s}^{-1}$ 时,材料产生蠕变变形。

(2) 当 $10^{-4}\,\mathrm{s}^{-1} < \mathrm{d}\varepsilon/\mathrm{d}t < 10^{-1}\,\mathrm{s}^{-1}$ 时,材料产生准静态变形。

(3) 当 $10^{-1}\,\mathrm{s}^{-1} < \mathrm{d}\varepsilon/\mathrm{d}t < 10^{2}\,\mathrm{s}^{-1}$ 时,应变率对材料应力-应变关系产生影响。

(4) 当 $10^{2}\,\mathrm{s}^{-1} < \mathrm{d}\varepsilon/\mathrm{d}t < 10^{4}\,\mathrm{s}^{-1}$ 时,材料受到冲击,惯性力成为重要因素。

(5) 当 $10^{4}\,\mathrm{s}^{-1} < \mathrm{d}\varepsilon/\mathrm{d}t < 10^{6}\,\mathrm{s}^{-1}$ 时,材料进入流体力学状态。

混凝土材料静态性能试验的应变率一般为 $1 \times 10^{-5} \sim 2 \times 10^{-5}\,\mathrm{s}^{-1}$,飞机撞击的应变率为 $5 \times 10^{-2} \sim 200 \times 10^{-2}\,\mathrm{s}^{-1[32]}$,化学爆炸应变率约为 $30\,\mathrm{s}^{-1[33]}$。冲击与爆炸给材料造成的影响通常都是(3)~(5)三种情况,此时,动荷载的特征时间远小于结构的响应时间,而且荷载强度很高,结构的整体响应与局部变形相比处于次要地位。研究人员更关心的是冲击影响区域的局部性动态响应,即材料承受冲击与爆破过程中弹塑性波的传播问题。材料在这种短历时、高脉冲的荷载作用下,产生比常规试验高几个数量级的高应变率变形,这时,静态、准静态试验提供的力学参数将不再适用,必须考虑在变形过程中的波传播效应和应变率相关性的影响。

研究材料动态力学性能的系列试验按应变率大小排列有[34]:

(1) 中应变率,$\mathrm{d}\varepsilon/\mathrm{d}t = 10^{0} \sim 10^{2}\,\mathrm{s}^{-1}$。

(2) 高应变率,$\mathrm{d}\varepsilon/\mathrm{d}t = 10^{2} \sim 10^{4}\,\mathrm{s}^{-1}$。

(3) 超高应变率,$\mathrm{d}\varepsilon/\mathrm{d}t = 10^{4} \sim 10^{6}\,\mathrm{s}^{-1}$。

从试验方法区分,落锤冲击方法适用于中应变率范围;分离式 Hopkinson 压杆(split Hopkinson pressure bar,SHPB)试验装置适用于中、高应变率范围;而材料的超高应变率测试则要采用现场爆炸试验、平板撞击试验(一维应变试验)或斜撞击试验(压-剪试验)。

以下内容针对应变率对混凝土动态性能产生影响的冲击压缩、冲击拉伸与高压状态方程科研领域,介绍国内外相关主要研究的历史和现状。

1.3.1　混凝土的冲击压缩性能概况

1. 混凝土的冲击压缩性能国外研究概况

Suaris 和 Shah 采用 MTS 液压伺服试验机对混凝土进行快速加载试验研究发现,随着应变率的提高,混凝土的抗压强度增加,但弹性模量基本保持不变[35]。

Tang 等报道了对混凝土冲击试验的结果,提出混凝土动态抗压强度与应变率的对数存在线性关系[36]。

Ross 等采用杆直径为 51mm 的 SHPB 试验装置对 C40 系列混凝土进行试验,得出混凝土动态抗压强度敏感性有一个临界值,超过该值材料对应变率非常敏感,动态抗压强度随应变率的对数呈线性增长,Ross 等通过反复测试,得出应变率敏感临界值为 $60s^{-1}$ [37]。

Zhao 采用杆直径为 40mm 的 SHPB 试验装置和直接撞击式 Hopkinson 压杆(direct impact Hopkinson bar,DIHB,与 SHPB 有点类似,但无输入杆,子弹直接冲击试块)装置对细粒混凝土进行了冲击压缩试验,其主要目的在于测试强度误差分析,认为根据一维应力波理论假定而得出的入射波、反射波与透射波公式适合于 SHPB,若用于 DIHB 则不够准确[38,39]。

Gary 和 Bailly 采用 $\phi40mm$ 的 SHPB 试验装置对 $\phi40mm \times 40mm$ 的 C60 系列混凝土试块进行了带围压的动态压缩试验,测出其最大强度为 130MPa[40]。

Thabet 和 Haldane 采用已有的模型对前人文献的试验数据进行模拟验证。结果表明,混凝土在冲击压缩荷载下的力学行为可采用三轴失效准则和塑性理论较精确的模拟,在压应力下的力学性能可采用弹塑性断裂模型模拟,在拉应力下的弹性应力-应变关系可结合弥散裂缝模型、拉力软化和剪力保持模型来模拟[41]。

Marar 等采用落锤冲击试验机对纤维增强混凝土进行冲击试验,指出掺加钢纤维利于提高混凝土抗冲击性能和冲击韧性,且由应力-应变曲线得到的压缩韧性耗能与由冲击试验得到的冲击耗能呈对数关系[42]。

Lok 等用杆直径为 75mm 的短杆 SHPB 试验装置对尺寸为 $\phi70mm \times 40mm$ 的混凝土试块进行了动态压缩试验,得到了很好的应力-应变曲线[43]。

Li 和 Meng 采用试验和数值模拟对比验证的方法研究混凝土的动态效应,认为混凝土强度在应变率超过 $100s^{-1}$ 后剧增的原因主要在于侧向约束惯性,而非应变率效应,因此 Drucker-Prager 本构模型更适于混凝土的冲击动态数值模拟[44]。

　　Georgin 和 Reynouard 采用有限元方法对混凝土的 SHPB 冲击压缩试验进行了数值模拟,发现黏塑性本构模型能够真实地模拟出混凝土在冲击荷载作用下的动态性能,如惯性力、内约束、结构响应与应变率效应[45]。

　　Krauthammer 等对尺寸为 $\phi75mm\times150mm$、$\phi150mm\times300mm$、$\phi300mm\times600mm$、$\phi600mm\times1200mm$ 的高强混凝土圆柱体试块进行了不同加载速度的轴向冲击压缩试验,发现动态加载的尺寸效应比静态加载的尺寸效应更为明显,采用有限元软件 ABAQUS 对冲击试验进行了数值模拟,模拟结果与试验结论基本相近[46]。

　　Sukontasukkul 等测试了 C40 级混凝土在受到侧向约束条件下的冲击压缩性能和应力-应变曲线,发现在约束条件下,材料的应变率敏感性更明显,强度和韧性增大,但弹性模量与无约束状态相差不大,甚至有所减小[47]。

　　Unosson 和 Nilsson 对钢弹侵彻和贯穿高性能混凝土板进行试验,并采用连续介质力学和有限元方法进行仿真。研究表明,贯穿的计算结果与试验结果接近,但侵彻不一致,作者还提出了在侵蚀准则、收敛、接触、沙漏等方面改善混凝土材料抗侵彻数值仿真的建议[48]。

　　Vossoughi 等分别用聚丙烯织物和超强 Zylon 纤维织物包裹不同厚度的混凝土板,对其进行钢弹冲击试验,发现混凝土板厚度对抗侵彻能力影响显著,织物能够减小板背面的震塌坑并包裹住碎块,Zylon 纤维织物的吸收冲击能力比聚丙烯纤维(polypropylene fiber,PPF)织物更高,实测数据还表明,美国国防研究委员会(National Defense Research Council,NDRC)推荐的侵彻公式适合于未被包裹的混凝土板,而不适合织物包裹的混凝土板[49]。

　　Dancygier 等采用非变形弹体对高性能混凝土板进行了冲击试验,研究了弹体速度、混凝土强度等因素对混凝土板动态响应的影响[50]。

　　Cotsovos 和 Pavlović 对高应变率下混凝土的压缩性能进行了研究,采用简化的混凝土材料模型(完全脆性、无应变软化阶段、不受加载路径影响)对混凝土试块和构件的受冲击压缩过程进行了数值仿真,分析了材料响应与结构响应的异同[51]。另外,Cotsovos 和 Pavlović 改进了文献[51]中的有限元程序,使其能综合考虑混凝土静态单轴抗压强度、试块形状和尺寸大小、密度、试块潮湿等因素,通过数值仿真,区分出各因素对混凝土动态压缩性能影响的权重[52]。

　　Forquin 等研发了一种针对于围压混凝土试块的高应变率冲击压缩试验技术。金属环箍住混凝土试块置于直径为 80mm 的 SHPB 设施中,金属环的本构关系是已知的,通过环侧表面的应变片测试出围压力,从而可算出试块的静水压力。Forquin 通过数值模拟和试验验证了该方法的有效性[53]。

　　Habel 和 Gauvreau 对超高性能混凝土进行了落锤冲击压缩试验和四点弯曲试验,根据试验结果建立了该种混凝土的单质点弹簧模型和弯曲模型[54]。

Hao 等对混凝土的 SHPB 试验进行了数值仿真，研究了不同应变率下的混凝土抗压强度，仿真结果表明，混凝土抗压强度随应变率增加而提高，是由混凝土试块的横向惯性约束效应和尺寸效应引起的[55]。另外，Zhou 和 Hao 采用 SHPB 试验装置对混凝土材料进行了冲击压缩试验，讨论了动态强度提高因子的影响要素，并依据各向同性和各向异性模型分别对混凝土动态性能进行分析[56]。

Forquin 等采用液压试验机和 SHPB 试验装置对钢环箍住的混凝土试块进行应变率为 $10^{-6} \sim 200s^{-1}$ 的压缩试验，发现在中高应变率时，围压下的饱水试块和干试块的压缩性能差别很大：干试块测出的强度持续增长，而饱水试块测出的强度增长几乎为 0，而准静态时，两种试块强度增长幅度无区别。Forquin 等从多孔介质力学的角度分析了这种差异形成的原因[57]。

2. 混凝土的冲击压缩性能国内研究概况

近十多年来，国内也有较多学者从事混凝土抗冲击压缩性能研究。

王祥林等采用 $\phi30mm$ 的 SHPB 试验装置对石棉纤维增强水泥石进行了冲击压缩试验，发现加入石棉纤维能显著改善水泥石的弹性与变形能力[58]。

姜锡权采用 $\phi37mm$ 的 SHPB 试验装置对钢纤维与尼龙纤维增强细粒混凝土进行了冲击压缩试验，发现在应变率为 $6 \sim 76s^{-1}$ 时，同应变率时，钢纤维、尼龙纤维增强混凝土的强度与普通混凝土的强度相差无几[59]。

胡时胜等利用直锥变截面式 SHPB 试验装置，结合预留间隙法，并在试块与杆件之间加设万向头，对混凝土进行冲击压缩试验，发现混凝土材料的应变效应比一般金属材料敏感得多，应变率有很小的变化时就可导致流动应力的明显变化[60,61]；用应变计直接测量应变法适用于冲击过程损伤演化较小的初始阶段，但随着损伤的加剧，产生较大的随机应变，导致该方法失效，建议将试块直接贴应变计法、传统 SHPB 间接法以及试块应力直接测量法进行有机结合，以便得到更可靠的结果[62,63]；采用损伤冻结法对混凝土材料在冲击荷载下的损伤软化效应进行试验研究，结合黏弹性本构理论，得到混凝土材料的损伤型线性黏弹性本构方程[64~67]。

严少华等利用 MTS 液压伺服试验机和 SHPB 试验装置对 C30～C120 系列混凝土、SFRC、聚丙烯纤维增强轻骨料混凝土进行了准静态单轴压缩和冲击压缩试验，得到了混凝土的准静态和动态应力-应变曲线，分析了材料力学性能指标与应变率的关系，并建立了相应的曲线方程[68~72]。

焦楚杰等自 2001 年以来对普通混凝土、高强混凝土、SFRC、混杂纤维混凝土、超高强 SFRC 进行了准静态、冲击和爆炸试验与相关理论研究，建立了混凝土准静态本构方程、应变率相关性本构方程，得出了混凝土震塌系数，并建立了混凝土震塌模型[73~82]。

胡功笠等采用 SHPB 试验装置对 C25 系列混凝土进行冲击压缩试验发现,在动载作用下,混凝土表现有弹性加强、弹塑性响应及更高应变率时的损伤型材料模型响应特征等现象,应变率为 $100s^{-1}$ 时,其强度较静态抗压强度提高了 25%,应变率为 $500s^{-1}$ 时,强度提高了 100%,甚至更多,随着应变率的继续增加,混凝土动态抗压强度的增长趋势减缓[83]。

侯晓峰等采用电液伺服试验机和 SHPB 试验装置对聚丙烯纤维混凝土进行静态和动态压缩试验表明,在相同的应变率下,对于静态强度相同的试块,动静态强度比值随 V_f 的提高而降低,在相同的应变率下,对于 V_f 相同的试块,动静态强度比值随着静态强度的提高而提高。聚丙烯纤维混凝土动静态强度比值与普通混凝土基本一致[84]。

胡金生等采用变截面大尺寸 SHPB 试验装置,对直径 62mm 的 C40~C50 系列聚丙烯纤维混凝土和素混凝土试块进行了应变率为 $25~82s^{-1}$ 的冲击压缩试验,得到了不同应变率下试块的动态抗压强度及应力-应变过程曲线。结果表明,在冲击压缩的高应变率加载条件下,聚丙烯纤维混凝土的抗压强度与素混凝土的大致相同,但其韧性要明显好于素混凝土[85]。

胡金生等采用变截面大尺寸 SHPB 试验装置,对 SFRC、素混凝土和五种纤维含量的聚丙烯纤维混凝土试块进行了三种应变率范围的冲击压缩试验,以应力-应变曲线所围面积作为韧性指标,对两种纤维混凝土在冲击荷载下的韧性进行对比分析。研究表明,五种纤维体积率的聚丙烯纤维混凝土中,聚丙烯纤维体积率为 $0.9~1.5kg/m^3$ 的三组混凝土韧性较高,其中聚丙烯纤维体积率为 $1.5kg/m^3$ 的混凝土韧性值最大,与素混凝土相比,两种纤维混凝土韧性均有所提高,在达到应力峰值后的变形阶段得以体现,在 $0~0.002$ 应变范围内,SFRC、聚丙烯纤维体积率为 $1.5kg/m^3$ 的混凝土韧性指标比素混凝土分别提高了 37.7% 和 18.9%[86]。

胡功笠等采用 SHPB 试验装置研究了 C20 级混凝土材料的动态性能。结果表明,混凝土在一定应变率范围内随着应变率的增加,其动-静态抗压强度比呈对数线增加,且动态响应由硬化向软化过渡,骨料的抑制作用是混凝土材料表现出弹塑性特征的关键因素,也使得 SHPB 试验测得的混凝土动态响应曲线呈现振荡[87]。

巫绪涛等对 C60、C80、C100 三种强度等级,钢纤维体积率分别为 0、2%、4% 和 6% 的钢纤维高强混凝土(steel fiber reinforced high strength concrete,SFRHSC)进行了准静态、准动态和冲击共五个应变率的单轴压缩试验,建立了各系列混凝土单轴压缩下的动态强度提高因子、动态应变提高因子、动态韧度提高因子、初始弹性模量与应变率之间的函数关系,用 ZWT 方程给出了 SFRHSC 的单轴率型本构关系[88,89]。

宁建国等利用一级轻气炮对混凝土靶板进行冲击压缩试验,测量出不同冲击速度下的压力-时间信号曲线,采用拉氏分析方法对试验数据进行分析,得到了流场中各力学量沿时-空的分布规律,从而得到混凝土材料应力-应变试验曲线。在试验研究及拉氏分析的基础上,分析混凝土材料在强冲击荷载下的动态本构特性,结合损伤率型演化和黏弹性理论,建立了混凝土材料的损伤型黏弹性本构方程[90,91]。另外,商霖等采用试验与数值模拟的方法,基于复合材料细观思想,通过研究钢筋混凝土代表性体积单元,提出了在理想情况下钢筋混凝土本构关系可由混凝土材料黏弹性本构关系与一个依赖于增强钢筋材料特性的常量 G 的乘积确定的思想,假设损伤只发生在混凝土材料内部,并给出了一般的损伤演化方程,由此得到了单向加筋、正交双向加筋和正交三向加筋混凝土的损伤型动态本构关系[92]。数值拟合表明,理论预示曲线与强冲击荷载作用下的试验结果曲线吻合良好。此外,宁建国等还认为,在动态、冲击荷载作用下混凝土材料性能的研究,应注意宏观与细观和微观等多种尺度的结合,力学与材料科学的结合,理论分析、试验研究与数值计算的结合,研究分析与工程应用的结合[93]。

黄政宇等对有约束和无约束的素活性粉末混凝土(reactive powder concrete, RPC)、掺聚丙烯纤维和钢纤维的 RPC 在静荷载和不同动荷载速率下进行试验,得到不同应变率下试块的动态抗压强度、动力增长系数及应力-应变曲线。试验表明,RPC 动荷载抗压强度明显高于静荷载抗压强度,且动力增长系数随应变率的增加而增加,但敏感性有所差异,素 RPC 的动荷载抗压强度随应变率的增加而明显增加,掺入聚丙烯纤维能较大地提高 RPC 的动荷载抗压强度,掺入钢纤维的 RPC 动荷载抗压强度随应变率的增加而有所增加,但增加的幅度没有素 RPC 明显,对素 RPC 进行侧向约束能大幅提高 RPC 在高应变率下的动荷载抗压强度和变形性能,其作用随着碳纤维布层数的增加而增大[94]。

闫东明等利用大型液压伺服混凝土静动试验系统对混凝土进行动态压缩试验,研究应变率以及初始静荷载对混凝土动态抗压强度和变形特性的影响。试验结果表明,随着初始荷载的增加,动态抗压强度有降低的趋势;在初始静荷载较大时,动态抗压强度降低的趋势更为明显;动态抗压强度随初始静态荷载变化规律接近指数函数。在应变率发生变化的位置,切线弹性模量也发生改变;在较大初始静荷载作用下,切线模量的改变尤为显著[95]。另外,他们[96]对两种湿度条件和两种温度条件下的混凝土进行了不同应变率($10^{-5} \sim 10^{-2}$ s^{-1})下的动态压缩试验。研究表明,在室温(20℃)条件下,含水量高的混凝土应变率敏感程度高;温度通过改变混凝土内部自由水的状态来影响混凝土的应变率敏感性。

施绍裘等采用 Instron1342 液压伺服试验机和 SHPB 试验装置对 C30 系列混凝土进行了应变率为 $10^{-4} \sim 10^2$ s^{-1} 的冲击压缩试验,采用 Johnson-Cook 强度模型的框架,确定适用于大变形、高应变率及高压下混凝土数值计算的等效强度模型的率相关参数及其他材料常数,对 C30 系列混凝土的试验表明,混凝土损伤演化是同时依赖应变与应变率的相关过程,提出适用于工程应用的率型损伤演化律来描述 C30 系列混凝土的损伤演化过程,并确定了损伤演化常数[97]。

王政等在对混凝土动态力学性能和现有本构模型综合分析的基础上,构建了一个新的适用于冲击响应问题数值分析的混凝土本构模型。该本构模型全面考虑了压力、应力第三不变量、变形的硬化和软化、应变率强化以及拉伸损伤等各个影响因素。将其加入 LTZ-2D 程序,确定了本构模型参数,对混凝土靶板的穿透问题进行了数值验证分析。计算得到的弹体剩余速度同试验结果基本一致,同时得到了混凝土靶板破裂的计算图像。计算结果及其分析表明,所构建的本构模型能够较好地反映冲击荷载作用下混凝土动态响应的主要特性[98]。

陈德兴等利用 $\phi 100 \text{mm}$ 的 SHPB 试验装置,对三种基体强度(C60、C80、C100)、四种 V_f(0、2%、4%、6%)的 SFRC 进行了静态、准静态和三种高应变率($10 \sim 20 \text{s}^{-1}$、$35 \sim 45 \text{s}^{-1}$、$75 \sim 85 \text{s}^{-1}$)的冲击压缩试验。结果表明,SFRC 具有较强的应变率效应,其破坏应力、峰值应变均随应变率的增加而增加,且存在应变率敏感性阈值,当应变率超过该值时,SFRC 的强度与应变随应变率的增加而快速增加[99]。

李为民等采用 $\phi 100 \text{mm}$ 的 SHPB 试验装置研究了不同纤维体积率的玄武岩纤维混凝土在不同应变率下的冲击压缩力学性能。试验表明,玄武岩纤维混凝土的动态强度提高因子与平均应变率的对数近似呈线性关系,强度与变形能力随平均应变率的提高而线性增加,体现了很强的应变率相关性;纤维体积率为 0.1% 的玄武岩纤维混凝土较素混凝土的动态抗压强度提高了 26%,变形能力提高了14%;纤维体积率分别为 0.2%、0.3% 的玄武岩纤维混凝土的动态抗压强度比素混凝土高出 25% 左右,而变形能力较素混凝土无明显优势[100]。

宁建国等基于连续损伤力学理论、统计细观理论和 Perzyna 黏塑性本构方程构造了一个塑性与损伤相耦合的本构模型来描述混凝土材料在强冲击荷载作用下的应力-应变响应特性。在该模型中假设:①宏观上混凝土材料是一个均匀连续体,而从细观分析其内部则包含了大量随机分布的微裂纹和微空洞等损伤缺陷;②混凝土材料的损伤演化是由其内部拉伸应力作用下微裂纹扩展的累积而引起的,导致了材料强度和刚度的弱化;③随着微空洞的塌陷,混凝土材料内部产生了不可恢复的塑性变形,体积模量也相应增加,将这一过程看作微空洞损伤的演化发展;④微裂纹和微空洞损伤之间不发生相互作用;⑤当裂纹扩展累积到一定程度时,混凝土材料发生粉碎性破坏。该文利用试验结果确定模型所需参数,并将利用该模型得到的模拟曲线与试验测试曲线进行比较,结果表明两者较一致[101]。

刘海峰和宁建国[102]基于混凝土强冲击荷载作用下的试验研究,以修正 Ottosen 四参数破坏准则为流动法则,引入损伤构造了一个塑性与损伤相耦合的动态本构模型,用于描述混凝土材料的冲击特性。在该模型中,考虑了引起混凝土材料弱化的两种不同的损伤机制:拉伸损伤和压缩损伤。其中,拉伸损伤是由微裂纹的张开和扩展引起的,通过拉伸应变来控制;压缩损伤相是关于微空洞体积分数比的演化,并通过微空洞塌陷引起的压缩应变来控制,由此压缩损伤和拉伸损伤就完全耦合。通过模型计算模拟结果与试验结果比较发现,随着冲击速度的提高,混凝土的峰值应力显著增加,即混凝土材料的承载能力增大,同时混凝土内部产生显著的塑性变形。模拟曲线与试验曲线拟合良好,可以用该模型模拟混凝土材料在强冲击荷载下的动态特性。

陶俊林等利用快速加热混凝土的方法和 SHPB 试验装置对混凝土进行了不同温度下的动态压缩试验。结果表明,在高温动态压缩条件下,温度变化是影响混凝土力学性能的主要因素,而应变率的影响则是次要因素。混凝土试块高温动态压缩破坏可以分为两种模式,即裂纹模式和破碎模式[103]。

王勇华等对 RPC 进行 SHPB 冲击压缩试验,得到不同 V_f 的 RPC 在不同应变率下的应力-应变曲线,试验发现,与素 RPC 相比,钢纤维 RPC 的动态强度增长因子小,应力-应变曲线的下降段更平缓[104]。

杜修力等将混凝土视为由骨料、水泥砂浆及两者间的黏结带所构成的三相复合材料,根据瓦拉文公式确定代表骨料的颗粒数,采用蒙特卡罗方法生成随机骨料模型。采用双折线损伤模型描述混凝土细观单元的损伤退化。利用非线性有限元方法对湿筛混凝土立方体小试块和全级配混凝土立方体大试块在冲击荷载作用下的细观破坏机制进行数值模拟,给出了试块的应力-应变曲线和动态抗压强度[105]。

李为民等采用 $\phi100mm$ SHPB 试验装置研究了碳纤维混凝土、玄武岩纤维混凝土的冲击压缩力学性能,发现碳纤维混凝土的动态强度提高因子与平均应变率的对数呈近似线性关系,强度与比能量吸收随平均应变率的增加而近似线性增加,并在试验的基础上,建立了玄武岩纤维混凝土非线性黏弹性本构模型、玄武岩纤维增强地质聚合物混凝土率型非线性黏弹性本构模型[106~109]。

陈万祥和郭志昆采用 57mm 半穿甲弹以初始速度 320~705m/s 对 RPC 基表面异形遮弹层进行了侵彻试验,获得了弹体破坏特征、弹体偏转角、最大侵彻深度、靶体破坏形态等试验结果,并提出了弹体侵彻深度简化计算公式。计算结果与试验数据吻合较好[110]。

季斌等采用 $\phi75mm$ 的 SHPB 试验装置对 V_f 为 5%和 10%的三维编织钢纤维增强混凝土(3D braided steel fiber reinforced concrete,3D-BSFC)进行了应变率为 $100~131s^{-1}$ 的冲击抗压试验。结果表明,3D-BSFC 的冲击抗压强度分别是其静态抗压强度的 1.12~2.99 倍,与基体混凝土相比,3D-BSFC 冲击抗压强度提高了 21%~50%,随着应变率的提高,材料的强度、弹性模量和韧性均有明显提高,峰值应变则有所降低[111]。

1.3.2　混凝土的冲击拉伸性能概况

1.　混凝土的冲击拉伸性能在国外研究概况

Tedesco 等利用杆直径为 51mm 的 SHPB 试验装置对尺寸为 $\phi 51mm \times 51mm$ 的 C40 混凝土进行冲击劈裂试验,采用超高速数字摄影机(1000000 张/s)记录在冲击过程中试块的变形与开裂现象,得到试块劈拉开裂过程与时间的对应关系,得出混凝土动态劈裂抗拉强度与应变率对数之间的曲线关系图,认为当应变率超过 $1s^{-1}$ 时,混凝土的劈裂抗拉强度呈现明显的应变率效应,当应变率超过 $5s^{-1}$ 时,动态劈裂抗拉强度随应变率的对数成线性增长[37,112]。

Lambert 和 Ross 利用杆直径为 76mm 的 SHPB 试验装置,对 $\phi 76mm \times 38mm$ 的混凝土(静态劈裂抗拉强度为 2.2~3.5MPa)试块进行冲击劈裂试验,得出在应变率为 $2 \sim 8s^{-1}$ 时,劈裂抗拉应力与应变是线性关系[113]。

Gomez 等利用杆直径为 51mm 的 SHPB 试验装置,对 $\phi 51mm \times 22mm$ 的 C30 系列混凝土试块进行冲击劈裂试验,观察到混凝土冲击劈裂破坏模式与静态破坏模式差不多,都是受水平拉力而破坏,Gomez 等建议用静态应力场关系来计算动态劈裂抗拉应力[114]。

Klepaczko 和 Brara 采用杆直径为 40mm 的 SHPB 试验装置,对 $\phi 40mm \times 120mm$ 的 C50 细粒混凝土进行了层裂试验,得出在应变率为 $10 \sim 120s^{-1}$ 时该混凝土的抗拉临界失效应力,并发现应变率越大,抗拉临界失效应力越大,对于相同的应变率,干混凝土试块和湿混凝土试块的拉伸破坏应力值相同[115]。

Fujikake 等对 RPC 进行了冲击拉伸试验,分析了不同应变率对 RPC 受拉破坏模式、拉应力-应变响应和拉应力-裂纹张开位移响应特征的影响,在试验基础上,建立了考虑应变率影响的 RPC 强度模型,该模型能较好地描述拉应力和裂纹开裂之间的关系[116]。

Ragueneau 和 Gatuingt 考虑了混凝土对拉伸和压缩荷载非弹性响应的区别,以及各向异性、变形的不可逆性等因素,对低应变率和高应变率条件下的本构模型进行了理论推导,基于此模型的计算,能够再现动态试验中观测到的混凝土材料的性能特征[117]。

Barpi 提出了一种混凝土受高加载率拉伸荷载作用下的计算方法,通过拉伸试验确定模型参数,可以描述混凝土强度的率敏感性。Barpi 对相关文献中的一些试验结果进行数值模拟,两者吻合较好[118]。

Weerheijm 认为,混凝土动态拉伸强度的率效应,可通过裂缝在一个假想开裂面上的延伸来分析,他按此方法构建破坏包络面,进行了混凝土试块在有侧压力的轴向冲击拉伸研究,并将预测的破坏包络面与 SHPB 冲击拉伸试验数据进行了验证。研究表明,应变率对混凝土残余拉伸强度的影响取决于侧压力大小,混凝土的受压与受拉损伤具有类似性,试块内部都会产生拉应力[119]。

Maalej 等对超高延性水泥基复合材料(engineered cementitions composite,ECC)进行了动态单轴拉伸测试,应变率为 $2×10^{-6}~2×10^{-1}\mathrm{s}^{-1}$,测试结果表明,ECC 动态抗拉强度高,且仍能保持显著的拉伸应变硬化行为[120]。

Leppänen 利用 AUTODYN 软件,采用双线性开裂软化准则和应变率硬化准则,对混凝土受到弹体和碎片的冲击过程进行了数据模拟,并和有关文献的试验数据进行对比。研究表明,侵彻深度主要取决于冲击速度和混凝土抗压强度,开裂和震塌则主要受混凝土抗拉强度、断裂能和拉伸应变率影响[121]。

Schuler 等采用直径为 74mm 的 SHPB 试验装置对 C30 系列混凝土在高应变率条件下的抗拉性能进行了试验研究,发现应变率超过 $10\mathrm{s}^{-1}$ 后,混凝土的抗拉强度随应变率的加大而显著提高[122]。

Brara 和 Klepaczko 采用 SHPB 试验装置对 C30~C90 系列混凝土进行了应变率为 $120\mathrm{s}^{-1}$ 之内和超过 $120\mathrm{s}^{-1}$ 的动态拉伸试验,同样发现混凝土动态拉伸应变率敏感值为 $10\mathrm{s}^{-1}$[123,124]。

Weerheijm 和 van Doormaal 在常规 SHPB 装置的基础上,对测试系统进行了改进,测试出 C40 级混凝土在高速拉伸时的应力-应变曲线下降段(软化段),并拟合出混凝土应变率相关的软化段方程[125]。

Cotsovos 和 Pavlovic 采用有限元程序对混凝土棱柱体试块在高应变率动态轴向拉伸下的性能进行了三维非线性数值仿真分析,混凝土模型中考虑了材料在动态拉伸作用下的惯性响应,仿真结果与试验结果具有良好的一致性[126]。

Millard 等采用落锤技术对超高性能纤维混凝土进行了高速度的弯曲拉伸与剪切试验。测试结果表明,当应变率超过 $1\mathrm{s}^{-1}$ 后,弯曲拉伸动态增长因子与应变率增长因子存在对数线性关系,而剪切动态增长因子却无类似的线性关系[127]。

2. 混凝土的冲击拉伸性能在国内研究概况

肖诗云等利用在 MTS 液压伺服试验机上对混凝土进行动态受拉试验,发现混凝土的抗拉强度与应变率的对数近似呈线性关系,混凝土的弹性模量、吸能能力均随着应变率的增加而增加,泊松比不随应变率的变化而变化。在试验基础上,推导出了混凝土的抗拉强度与应变率的近似关系式[128]。另外,肖诗云和田子坤通过混凝土受拉试验发现,随着应变率的增加,混凝土损伤未发展阶段的最大应力水平也随之增加,并提出了抗拉强度、临界应变受应变率影响的经验公式[129]。

胡时胜等利用直径为 74mm 的 SHPB 试验装置和多点贴应变片的混凝土长杆试块研究了混凝土材料的层裂强度及其应变率效应,讨论了应力波在混凝土试块中传播的波形弥散和幅值衰减,并在考虑损伤演化影响的基础上确定了试块材料的层裂强度[130]。在此基础上,张磊和胡时胜又提出了混凝土层裂强度测量的另一种方法:用高聚物材料取代传统的金属材料透射杆,混凝土试块为细长杆,由于高聚物波阻抗比混凝土小,试块中压缩波在试块和吸收杆界面反射后形成拉伸波使试块产生层裂破坏,通过吸收杆上透射波形可以确定混凝土层裂强度[131]。通过采用该方法对混凝土及 SFRC 的层裂试验,张磊等拟合出了层裂强度和压缩强度以及加载率之间关系的经验公式[132,133],并发现在其他条件相同的情况下,骨料尺寸越大则混凝土层裂强度越低[134]。

李夕兵等利用 Instron1342 液压伺服试验机对 SFRC 进行了应变率为 $1.38 \times 10^{-4} \sim 0.532 \times 10^{-1} \mathrm{s}^{-1}$ 内的四点弯拉试验,得到了 SFRC 的受拉应力-应变全过程曲线。试验结果表明,当应变率从 $1.38 \times 10^{-4} \mathrm{s}^{-1}$ 增大到 $0.532 \times 10^{-1} \mathrm{s}^{-1}$ 时,SFRC 抗拉强度提高 30% 左右,峰值应力对应的应变提高 10% 左右,弹性模量提高 20% 左右[135]。

陈大年等在重建 Cochran-Banner 模型的基础上提出了一种新的概念性层裂模型。新模型仅保留 Cochran-Banner 模型中的强度函数,如果拉伸应力达到层裂强度,重新定义的损伤将由强度函数确定的应力松弛方程、计及损伤的能量守恒方程、状态方程以及本构方程等一系列封闭方程组确定。新模型中仅包含两个参数:层裂强度及临界损伤度。它们的确定能使在一定初值条件和边值条件下层裂试验的数值计算结果与试验测得的靶自由面速度或靶-低阻抗界面应力以及回收观测的层裂面上的损伤一致[136]。

李秀地等在考虑多次层裂面对应力波传播规律影响的基础上,应用一维应力波传播理论,给出了混凝土结构中任一点应力的一般计算公式[137]。

赖建中和孙伟采用 SHPB 试验装置对 RPC 进行了层裂试验。结果表明,随着入射波强度的增加和冲击次数的提高,材料的拉伸损伤逐渐增加,反射拉伸波的强度逐渐降低。RPC 材料层裂强度和破坏形态具有明显的应变率效应,层裂强度和破坏程度随着应变率的提高而增加[138]。

巫绪涛等利用 SHPB 试验装置进行 SFRC 动态劈裂试验,发现能量耗散法能较好地反映混凝土冲击荷载作用下抗拉性能的变化[139]。

陈柏生等采用 SHPB 试验装置对三种钢纤维(钢棉、镀铜钢纤维、端钩钢纤维)种类的 RPC 进行了层裂试验,发现相同 V_f 时,镀铜钢纤维对基体层裂强度的提升最明显[140]。

焦楚杰等采用 SHPB 试验装置对 SFRC 进行了动态劈裂试验,测试出其动态劈裂破坏最低强度。研究发现,随着 V_f 增加,SFRC 耗能能力相应增大,应力波在 SFRC 中的衰减程度越大,决定试块破坏的主要因素是胶凝体与钢纤维之间的黏结强度,而不是钢纤维本身的抗拉强度[141]。

1.3.3　混凝土的高压状态方程概况

混凝土在吉帕级的高压试验测试难度很大,即使在国外,能够开展混凝土高压状态方程研究的也仅限于发达国家的军工科研相关单位,国内具备从事该试验与研究能力的单位则很少。

1. 混凝土高压状态方程在国外研究概况

Grady 利用 $\phi89\text{mm}$ 一级轻气炮对混凝土进行了高速冲击试验,测试混凝土的高应变率屈服强度以及非弹性动态应力-应变响应,获得了混凝土从 Hugoniot 弹性极限至 2GPa 范围内的应力和应变数据[142]。Grady 研究了在 $0.5\sim2.5\text{km/s}$、$5\sim25\text{GPa}$ 压力条件下混凝土动态抗压强度、孔隙压缩、冲击 Hugoniot 和绝热非压缩等状态方程参数,从动态试验数据中提取了 Hugoniot-Mie-Grüneisen 状态方程特性,将混凝土非预期的残余应变与预期的升温膨胀特性进行了对比[143]。Rinehart 和 Welch 采用超过 1000lb① 的装药量分别对大尺寸混凝土板试块、球形试块和圆柱试块进行爆炸试验,混凝土静态抗压强度为 40MPa,静态抗拉强度为 2MPa,试验压力高达 0.5GPa,应变率为 $10^3\sim10^5\text{s}^{-1}$,测试系统中采用应力计和粒子速度仪。试验表明,混凝土材料呈现应变率效应,但试块尺寸效应不明显。基于试验数据,作者建立了可用于预测武器(攻击混凝土防护层)终端效应的高压状态方程[144]。

Gebbeken 等采用爆炸试验和飞板冲击试验分别对 C50 系列混凝土进行了超高速冲击测试,冲击压力高达 16GPa,发现两种试验测得混凝土在 $1.3\sim3.3\text{GPa}$ 高压状态下的强度和体积数据基本一致,由此拟合出混凝土 Hugoniot 高压状态方程并得出相应参数[145]。

2. 混凝土高压状态方程在国内研究概况

施绍裘和王礼立利用一级轻气炮对水泥砂浆进行了应变率达 10^5s^{-1} 的高速冲击试验,得到了水泥砂浆经摩擦力修正后的动态弹性常数、屈服强度以及高压下含损伤水泥砂浆的冲击绝热关系[146]。

严少华等利用一级轻气炮对 C80 系列高强混凝土和 SFRHSC 进行了平板撞击试验,得到了应变率为 10^5s^{-1}、压力为 $0.65\sim2.3\text{GPa}$ 下的冲击绝热关系,建立了高压状态方程[147]。

张凤国和李恩征采用数值分析与试验相结合的方法,对原适用于金属材料的高压状态方程 Johnson-Cook 模型进行了改进,处理了混凝土拉伸断裂以及断裂后重新受压的情况,提出了在大应变、高应变率及高压强条件下的混凝土计算模型,

---

① 1lb=0.453592kg,下同。

计算结果与试验数据相吻合,而且更好地模拟了混凝土靶在弹体撞击过程中出现的成坑、脱落情况以及混凝土靶中出现的层裂现象[148]。

陈大年等对 Johnson-Cook、Zerilli-Armstrong、Bodner-Parton 本构方程在一定条件下适用性的研究表明,采用 Johnson-Cook 本构方程估算的流动应力仅在压力为 10GPa 以下时才能与试验数据相近,当压力高于 10GPa 时,流动应力只能采用 Steinberg-Cochran-Guinan 本构估算[149]。

宁建国等利用一级轻气炮对钢筋混凝土靶板进行冲击压缩试验研究,采用拉格朗日分析方法对试验数据进行处理,得到流场中各力学量的分布规律。试验结果表明,在配筋率较低的情况下,钢筋的加入对混凝土的动态压缩性能改善不明显。但是随着配筋率的提高,钢筋混凝土的动态抗压强度及延性均有较明显的提高,可见钢筋混凝土的动态性能是钢筋的强化作用及其引入所带来的混凝土内部初始损伤共同作用的结果。该文还给出了钢筋混凝土的损伤型动态本构关系[150]。

陈克等利用移动元胞自动机法对混凝土平板撞击试验进行数值模拟,平板以 $10\sim3000\text{m/s}$ 的速度撞击 60mm 厚混凝土靶,通过分析平板撞击混凝土过程中应力波的传播,得到了混凝土材料在应变率约 $10^5\,\text{s}^{-1}$、压力 $0.06\sim10\text{GPa}$ 时的冲击绝热关系,给出了混凝土高压状态方程的拟合曲线。数值计算结果与文献[143]的试验结果具有良好的一致性[151]。

王永刚等采用一级轻气炮加载技术和锰铜压力计测试技术,对 C30 系列混凝土进行了平板撞击试验研究,基于锰铜压力计测量的压力波形,确定了 C30 系列混凝土材料的冲击绝热关系,即冲击波速度 D 与波后粒子速度 u 之间满足线性关系,再从 C30 系列混凝土的冲击绝热数据出发,获得了计及初始空隙度影响的多项式形式 Grüneisen 型状态方程中的各项系数[152]。王永刚和王礼立发现冲击波在混凝土中传播呈现明显的衰减特性,早期冲击波应力峰值衰减主要归因于混凝土材料的本构黏性效应,而后续来自飞片自由面的反射波追赶卸载、边侧稀疏波卸载及几何弥散效应则进一步促进了冲击波的衰减,使得应力峰值的衰减明显加快[153]。

姜芳等利用一级轻气炮加载,对钢筋混凝土圆柱形靶板进行冲击压缩试验,飞片与靶板同质,由预埋的锰铜压阻传感器测量出压力-时间信号曲线。试验数据采用拉氏分析方法中的路径线法自编程序进行处理,反算出粒子速度、应变等力学参量。试验结果表明,钢筋混凝土材料的应力-应变总体呈滞回特性,并具有明显的应变率相关性和波形弥散效应等动态力学性能[154]。

焦楚杰等基于混凝土的一级轻气炮高速冲击压缩试验数据,研究了混凝土冲击绝热关系。通过混凝土的 D-u Hugoniot 曲线推导出 P-u 曲线,采用实例分析得出体积压力 P 与体应变 μ 之间的关系式,并按照多项式的 Grüneisen 方程形式拟合出混凝土高压状态方程参数,该方程的理论计算数值与实测数据基本接近[155]。

1.4　本书的研究内容

本书选择基体强度为 C40、C100、RPC200，V_f 为 1%～5% 的 SFRC 进行研究，包括制备技术和动力特性两个方面，其中动力特性是本书研究重点。

1）钢纤维混凝土的制备技术和主要静态力学性能

从理论上讲，V_f 越大，对混凝土的力学性能提高越有利，但在普通施工工艺的工程实践中，V_f 常控制在 2% 以内，以避免出现纤维分散不均匀、纤维结团、拌合料和易性差、施工质量难以保证等不良后果而导致钢纤维增强增韧功效难以充分发挥。随着施工工艺的发展，特别是高效减水剂与超细粉煤灰复合技术的应用，采用普通工艺制备更高含量的 SFRC 成为可能[156]。重点配制 V_f 为 2%～4% 的 SFRC，并测试其主要静态力学性能。

2）钢纤维混凝土准静态单轴受压特性

对 $V_f=0$、1%、2%、3%、4% 的 SFRC 进行两种应变率（$d\varepsilon/dt = 10^{-4}\,s^{-1}$、$10^{-2}\,s^{-1}$）的单轴压缩试验，测试其在不同应变率下的轴心抗压强度、压缩韧度、弹性模量与泊松比，研究 V_f 对上述性能的影响，建立其准静态单轴压缩本构方程。该部分成果是研究 SFRC 受到冲击荷载时的动力响应与数值模拟所必不可少的。

3）钢纤维混凝土抗冲击压缩特性

采用 SHPB 试验装置，对 $V_f=0$、2%、3%、4% 的 SFRC 进行冲击压缩试验，测试材料在中应变率下的强度、应变、应力-应变曲线，研究 V_f 和应变率对材料动态抗压强度、韧性的影响，建立其准一维动态本构方程。

4）钢纤维混凝土抗冲击拉伸特性

采用 SHPB 试验装置，对 $V_f=0$、2%、3%、4% 的 SFRC 进行冲击劈裂抗拉与层裂试验，测试材料在冲击下的抗拉强度，研究冲击抗拉强度与静态抗拉强度的关系，以及 V_f 对冲击抗拉强度的影响规律。

5）活性粉末混凝土高压状态方程

采用轻气炮装置，对 RPC 进行高速冲击试验，飞片速度为 200～900m/s，通过锰铜传感器测试一维应变情况下的冲击波压力，按照拉格朗日方法求得对应的应力-应变关系曲线，由 RPC 冲击波速度和粒子速度的线性关系，导出 RPC 在冲击荷载作用下的 P-u 曲线，再经过计算分析得出体积压力 P 与体应变 μ 之间的关系，并按照多项式的 Grüneisen 方程形式建立 RPC 的高压状态方程。

6）钢纤维混凝土抗冲击仿真

在前述试验结果的基础上，采用有限元方法分别对 SFRC 的冲击压缩、拉伸与轻气炮冲击试验进行模拟仿真，再现 SFRC 试块在高应变率下瞬态形貌的演变和内部应力变化过程，进一步认识其动力特性机理。

第2章　钢纤维混凝土制备技术和主要静态力学性能

自 20 世纪 70 年代以来 SFRC 在我国逐渐推广应用,主要用于道路、机场、桥梁、水工、港口、铁路、矿山、隧道、军事防护工程、工业和民用建筑等工程领域。

V_f 是 SFRC 制备技术中的重要影响参数,国家和省市、行业标准或指南建议工程实践采用的 V_f 有所不同,但一般在 1.5% 之内。例如,《纤维混凝土结构技术规程》(CECS 38:2004)[157] 和《切断型钢纤维混凝土应用技术规程》(DG/TJ08—011—2002)[158]、《喷射混凝土加固技术规程》(CECS 161:2004)[159] 都建议 $V_f \leqslant$ 1.5%,《公路水泥混凝土路面设计规范》(JTG D40—2011)[160] 和《公路水泥混凝土路面施工技术细则》(JTG/TF30—2014)[161]、《铁路隧道工程施工技术指南》(TZ 204—2008)[162] 都建议 $V_f \leqslant 1.0\%$,《钢锭铣削型钢纤维混凝土应用技术规程》(DGJ 08—59—2006)[163] 则建议 $V_f \leqslant 0.8\%$。

钢纤维体积率小($V_f \leqslant 1.5\%$),其制备技术难度相对而言不太大,施工技术可参照上述规范或施工企业的成熟经验,对于更大 V_f 的 SFRC,就面临着普通施工工艺条件下,钢纤维在混凝土基体中的均匀分散性问题,要真正实现较大 V_f 的 SFRC 的各种高性能,其制备技术非常重要。本章介绍作者科研团队的 C40、C100 系列 SFRC 和 RPC200、混杂纤维混凝土的制备技术与主要静态力学性能。

2.1　钢纤维混凝土制备技术

2.1.1　原材料的选择

1. 优质水泥

42.5P·Ⅱ 硅酸盐水泥,用于制备 C40 和 C100 系列 SFRC;52.5P·Ⅱ 硅酸盐水泥,用于制备 RPC200。

2. 超细混合材

超细粉煤灰、矿渣微粉与硅灰。

3. 优质钢纤维

钢纤维主要采用三种,纤维形貌如图 2.1 所示。其中,哑铃形钢纤维为圆截面,长度 35mm,直径 0.6mm,抗拉强度 1325MPa,用于制备 C40 系列 SFRC;端钩形钢纤维为圆截面,长度 30mm,直径 0.6mm,抗拉强度 1050MPa,用于制备 C100 系列 SFRC;超细钢纤维为圆截面,长度 13mm,直径 0.175mm,抗拉强度 1800MPa,用于制备 RPC200。

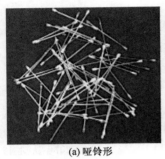 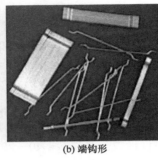 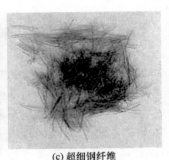

(a) 哑铃形　　　　　　　　(b) 端钩形　　　　　　　　(c) 超细钢纤维

图 2.1　钢纤维形貌

4. 细集料

(1) 河砂,最大粒径 5mm,连续级配,细度模数 2.6,表观密度 2.61g/cm³,堆积密度 1.51×10³kg/m³,用于制备 C40 与 C100 系列 SFRC。

(2) 河砂,最大粒径 3mm,连续级配,物理参数同上,用于制备 RPC200。

5. 粗集料

玄武岩碎石,表观密度 2.84g/cm³,堆积密度 1.53g/cm³,压碎值 3.3%,颗粒级配为 5～10mm、10～20mm 连续级配,用于制备 C40 与 C100 系列 SFRC。

6. 外加剂

聚羧酸系减水剂,减水率大于 30%。

7. 聚丙烯纤维

为了了解聚丙烯纤维-钢纤维复合增强混凝土与 SFRC 在静态、准静态力学性能的异同,试验了两组 C40、C100 系列的聚丙烯纤维-钢纤维混凝土。

聚丙烯纤维:白色集束状,密度为 0.91×10³kg/m³,在混凝土中搅拌时分散为单丝,单丝极限延伸率为 18%,抗拉强度为 270MPa。

C40 基体原材料组合为:w(水泥):w(砂):w(石):w(外加剂):w(水) = 1:1.70:2.45:0.008:0.40;C100 基体原材料组合为:w(水泥):w(粉煤灰):w(硅灰):w(砂):w(石):w(外加剂):w(水) =1:0.10:0.15:1.45:2.95:

0.023∶0.30;RPC200 基体原材料组合为:w(水泥)∶w(粉煤灰)∶w(硅灰)∶w(矿渣微粉)∶w(砂)∶w(外加剂)∶w(水)＝1∶0.62∶0.25∶0.62∶3.00∶0.037∶0.37。在基体中分别加入 V_f 为 2%～4%钢纤维,或体积率为 0.11%的聚丙烯纤维。

2.1.2　施工工艺

在 SFRC 生产过程中,投料、搅拌和成型都要尽可能有利于混凝土的密实和钢纤维的分布均匀,以充分发挥钢纤维增强、增韧与阻裂效应。SFRC 构件的强度取决于钢纤维分布最少的那个截面,混凝土不密实或钢纤维的分布不均匀即意味着 V_f 降低。甚至混凝土中的钢纤维结团会导致构件的局部强度削弱。因此,混凝土的密实性与钢纤维分布的均匀性是 SFRC 制备的关键问题。

1. 现场施工

在某工程进行了 $C40V_0$、$C40V_2$、$C40V_{2+PPF}$、$C40V_3$、$C100V_0$、$C100V_2$、$C100V_{2+PPF}$、$C100V_3$ 的施工实践(编号含义为:$C40V_0$ 表示 C40 系列基体混凝土;$C40V_2$ 表示基体混凝土为 C40,V_f 为 2%;$C40V_{2+PPF}$ 表示基体混凝土为 C40,V_f 为 2%,聚丙烯纤维体积率为 0.11%;其他编号含义依此类推)。

为了避免钢纤维的结团现象,首先试验了多种投料与搅拌方式,其中有以下两种。

(1) 如图 2.2(a)所示,步骤为:①加入石子、砂、胶凝材料,开动强制式搅拌机;②撒入纤维;③加入水和高效减水剂,继续搅拌直至拌合料成糊化状出料。

(2) 如图 2.2(b)所示,步骤为:①加入石子、砂、胶凝材料,开动强制式搅拌机;②加入水和高效减水剂;③撒入纤维,继续搅拌直至拌合料成糊化状出料。

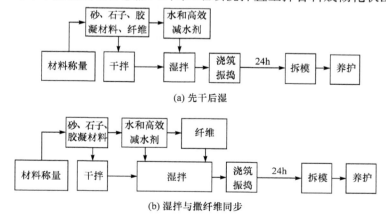

图 2.2　SFRC 的制备流程

对于哑铃形钢纤维,采用第一种投料与搅拌方式时,首先,钢纤维与砂逐渐结团,加水后结团更加严重,砂浆将钢纤维牢固粘住,直径达 6cm 的球状体内几乎没有石子。改用第二种方式时,钢纤维分散比较均匀,基本上无结团现象。

对于端钩形钢纤维,采用上述两种投料与搅拌方式皆能使钢纤维分散均匀,无结团现象。

对于聚丙烯纤维-钢纤维复合增强混凝土,无论采用哑铃形钢纤维还是端钩形钢纤维,均只能采用第二种投料与搅拌方式才能避免纤维结团现象,撒完聚丙烯纤维之后再撒钢纤维,湿拌时间适当延长,若两种纤维同时撒入,则两者在搅拌时互相缠绕,与胶凝砂浆黏成团。

正式施工时,都采用第二种投料与搅拌方式。

浇注与成型影响到钢纤维在构件中的排列状态,钢纤维在拉伸应力方向定向排列时,增强效果最好;若钢纤维在与垂直于拉应力方向的平面内随机分布,则增强效果最差。本次施工采取振动成型,插入式振捣器不能沿着结构受力方向垂直插入混凝土中,而是斜插入,与平面的夹角不大于 $30°^{[164]}$,以避免钢纤维沿振动器取向分布,降低纤维的方向有效系数。当混凝土不再下沉,不再出现气泡,表面开始泛浆时,即停止振捣,防止由过度振捣导致的钢纤维在构件中上疏下密,造成新的不均匀现象。

2. 施工效果

拆模后,构件表面无任何蜂窝麻面。对混凝土构件取芯,通过观察钻取的芯样与施工时同期制作的混凝土试块进行立方体抗压、弯曲、劈裂抗拉强度试验后的碎块发现,钢纤维在混凝土中近似于三维乱向分布。

在施工过程中,对同批次各系列 SFRC 分别制作了立方体抗压、弯曲与劈裂抗拉试块,其 28 天强度见表 2.1,表中还列出了 28 天对构件随机取芯试块的轴心抗压强度。

表 2.1　现场施工 SFRC 强度　　　　　　　　（单位:MPa）

编号	立方体抗压强度	弯曲强度	劈裂抗拉强度	芯样的轴心抗压强度
$C40V_0$	45.1	5.11	4.02	36.3
$C40V_2$	50.2	6.29	5.04	40.2
$C40V_{2+PPF}$	50.3	6.88	5.16	41.9
$C40V_3$	54.8	8.47	6.22	43.9
$C100V_0$	115.2	8.17	5.10	88.6
$C100V_2$	119.1	10.52	6.26	95.6
$C100V_{2+PPF}$	120.0	11.41	6.39	96.7
$C100V_3$	122.5	13.78	8.48	98.8

由表 2.1 可知,在此工程中,SFRC 强度符合设计要求[165,166],纤维对混凝土的弯曲强度和劈裂抗拉强度具有较好的增强效果。本书后续研究中,对原材料和配合比进行了优化,以实现 SFRC 更优的力学性能。

2.1.3　影响纤维在拌合料中分散均匀性的主要因素

根据现场施工实践,对影响纤维在 SFRC 拌合料中分散均匀性的主要因素分析如下。

1. 钢纤维的长径比 l_f/d_f、形状与截面形式的影响

哑铃形钢纤维比端钩形钢纤维难以搅拌分散均匀,原因在于:①前者 $l_f/d_f=$ 58,后者 $l_f/d_f=50$,长径比越大,搅拌时越易结团。②前者是哑铃形,端部翼缘与腹杆几乎成直角;后者是端钩形,端钩与中轴夹角约为 $150°$,前者比后者更易相互搭接咬合,从而更易结团,难以分散均匀。

2. 投料次序的影响

采用第二种投料方式能使哑铃形钢纤维基本上分散均匀,第一种方式却不行。因为第一种方式干料与纤维之间的黏结力不足以克服纤维与纤维之间的搭接咬合力,干料难以携带纤维均匀分散。加水之前,钢纤维夹带部分潮湿砂被推挤揉成团,加水之后,已成球状的钢纤维与砂聚合体无法再分散,相反,继续黏结水泥砂浆,如同滚雪球,在一定的程度上逐渐变大,粗骨料却难以粘到球状体表面,更难进入球状体内。第二种投料方式,胶凝材料与砂石成糊化状之后再散入钢纤维,胶状物与纤维之间的黏结力能够克服纤维与纤维之间的搭接咬合力,这有助于钢纤维被携带分散均匀。至于端钩形钢纤维,由于其长径比、形状与截面形式造成纤维与纤维之间的搭接咬合力较小,因此采用两种投料方式都可行。

对于聚丙烯纤维-钢纤维复合增强混凝土,如果两种纤维同时撒入湿拌合料,则在纤维刚在胶凝砂浆之上时,聚丙烯纤维就缠绕在钢纤维上,如同纺锤,随着搅拌的进行,"纺锤"与胶凝砂浆黏结成团。当聚丙烯纤维先撒入湿拌合料中并分散之后,再撒入钢纤维,由于聚丙烯纤维已与胶凝砂浆有较强的黏结,因此两种纤维虽然仍有相缠的情况,但一般不至于成为"纺锤"而与胶凝砂浆黏结成团。

3. 高效减水剂与优质粉煤灰、硅粉的影响

高效减水剂在水泥颗粒表面上的吸附,使水泥颗粒表面带有相同的电荷而相互排斥,造成水泥颗粒在液相中的分散,絮凝结构中被水泥颗粒包围的水得以释放,改善了新拌混凝土的和易性与流动性,使混凝土成型时更容易密实,在一定程度上也有利于钢纤维的分散均匀。

优质粉煤灰和硅粉的优点在于：①其密度皆小于水泥的密度，因此比它们代替的水泥所形成的浆体的体积要大一些，这导致新拌混凝土流动性增大。②优质粉煤灰颗粒大多数粒径为 $3\sim5\mu m$，硅粉颗粒粒径为 $0.1\mu m$，两者颗粒都远小于水泥颗粒（$20\sim30\mu m$）[167]，当优质粉煤灰与硅粉的微细粒子填充于水泥粒子之间的空隙中时，同样起到"解絮"的作用，将原来空隙之中的填充水置换出来，增大拌合料的流动性。③优质粉煤灰与硅粉的微细球状颗粒，在高效减水剂的协同作用下，在搅拌过程中，极小的圆球形颗粒的表面覆盖一层活性物，和水泥粒子一样，颗粒之间存在静电斥力，由于这些活性矿物细掺料球状粒子远小于水泥粒子，它们在水泥颗粒之间起到"滚珠"作用，使水泥浆体的流动性增加。当然，硅粉的比表面积大，会适当减小胶凝砂浆的流动性，但总体来说，高效减水剂与优质粉煤灰、硅粉的综合作用还是使新拌混凝土流动性增大，有利于钢纤维在混凝土中均匀分散。

2.2　钢纤维混凝土主要静态力学性能

2.2.1　测试与计算方法

试块尺寸：C40 与 C100 系列 SFRC 抗压与劈裂抗拉试块尺寸为 100mm×100mm×100mm，弯曲试块尺寸为 100mm×100mm×400mm；RPC200 抗压与劈裂抗拉试块尺寸为 40mm×40mm×40mm，弯曲试块尺寸为 40mm×40mm×160mm。

养护制度：考虑到活性矿物外掺料发挥作用需要较长时间，加了矿物外掺料的混凝土早期强度较低，而后期强度有较大的持续增长，所有试块都在温度为 20℃±3℃，湿度大于 90% 的标准养护室中养护 90 天。

SFRC 的抗压强度、劈裂抗拉强度与弯曲强度按照《钢纤维混凝土试验方法》（CECS 13:89）[168]计算。钢纤维混凝土韧度计算方法主要有能量法、强度法、能量比值法和特征点法（采用韧度指数），韧度指数表征为与理想弹性材料的偏离程度，韧度指数的突出优点是便于工程应用，并且给定点为初裂挠度的倍数，大幅度减小了确定初裂点不准确和支座变形等对韧度指数的影响。SFRC 的弯曲韧性按照美国材料与试验协会 ASTM C1018-97 标准[169]，以三个弯曲韧度指数 η_{m5}、η_{m10} 和 η_{m30} 来量化，如图 2.3 所示，该三个韧度指数计算方法如下：

$$\eta_{m5}=\frac{OACD\,\text{面积}}{OAB\,\text{面积}}$$

$$\eta_{m10}=\frac{OAEF\,\text{面积}}{OAB\,\text{面积}}$$

$$\eta_{m30}=\frac{OAGH\,\text{面积}}{OAB\,\text{面积}}$$

图 2.3 中，F_{cra} 为试块初裂时承受的荷载（kN），Δ 为与 F_{cra} 对应的挠度值（mm）。

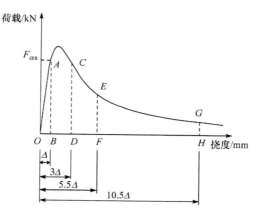

图 2.3　SFRC 试块的荷载-挠度曲线

2.2.2　测试结果

SFRC 抗压强度、劈裂抗拉强度见表 2.2，SFRC 初裂挠度、峰值挠度、极限挠度、初裂弯曲强度、极限弯曲强度、弯曲弹性模量见表 2.3，SFRC 弯曲韧度指数状态见表 2.4，弯曲荷载-挠度曲线如图 2.4～图 2.16 所示，图中的 F_{max} 与 D_f 分别为曲线峰值荷载与挠度。

表 2.2　SFRC 抗压强度、劈裂抗拉强度

编号	抗压强度/MPa				劈裂抗拉强度/MPa			
	①	②	③	平均值	①	②	③	平均值
C40V$_0$	58.2	59.1	58.8	58.7	5.03	5.42	4.88	5.11
C40V$_1$	59.9	61.4	62.0	61.1	7.35	7.64	7.48	7.49
C40V$_2$	62.7	65.2	61.7	63.2	9.49	7.81	8.86	8.72
C40V$_{2+PPF}$	61.9	64.0	63.1	63.0	8.73	9.60	7.98	8.77
C40V$_3$	65.9	66.1	68.4	66.8	9.67	11.84	10.59	10.70
C100V$_0$	115.6	119.3	119.7	118.2	5.93	6.10	5.70	5.91
C100V$_1$	120.8	122.6	127.1	123.5	8.06	8.49	7.72	8.09
C100V$_2$	139.5	138.9	136.2	138.2	10.78	9.70	10.30	10.26
C100V$_{2+PPF}$	139.7	142.0	142.2	141.3	12.51	10.82	11.44	11.59
C100V$_3$	150.0	155.3	157.6	154.3	12.69	11.98	13.13	12.60
RPC200V$_0$	157.0	159.4	157.6	158.0	7.81	7.65	8.90	8.12
RPC200V$_3$	206.4	209.6	209.5	208.5	15.65	17.52	18.10	17.09
RPC200V$_4$	225.8	222.9	223.9	224.2	23.51	19.04	20.57	20.21

表 2.3　SFRC 弯曲挠度、弯曲强度与弯曲弹性模量

编号	初裂挠度 /mm	峰值挠度 /mm	极限挠度 /mm	初裂弯曲强度/MPa	极限弯曲强度/MPa	弯曲弹性模量/GPa
$C40V_0$	0.0408	0.0408	0.0408	7.03	7.03	36.90
$C40V_1$	0.0511	0.0957	0.3951	8.00	10.58	36.95
$C40V_2$	0.0531	0.1216	0.5345	9.52	12.16	37.13
$C40V_{2+PPF}$	0.0618	0.1213	0.6025	9.74	12.24	37.12
$C40V_3$	0.0832	0.1482	0.6856	12.68	15.75	37.24
$C100V_0$	0.0531	0.0531	0.0531	10.30	10.30	46.06
$C100V_1$	0.0540	0.1095	0.5811	10.35	13.21	46.25
$C100V_2$	0.0750	0.1384	0.8295	14.88	18.44	46.58
$C100V_{2+PPF}$	0.0802	0.1681	1.1790	17.61	21.80	46.75
$C100V_3$	0.0912	0.1850	0.8729	17.74	24.18	47.00
$RPC200V_0$	0.0183	0.0183	0.0183	18.59	18.59	53.45
$RPC200V_3$	0.0188	0.0583	0.7971	22.52	42.38	54.67
$RPC200V_4$	0.0276	0.0685	1.0570	28.09	50.68	54.71

表 2.4　SFRC 弯曲韧度指数

编号	η_{m5}				η_{m10}				η_{m30}			
	①	②	③	平均值	①	②	③	平均值	①	②	③	平均值
$C40V_0$	1	1	1	1	1	1	1	1	1	1	1	1
$C40V_1$	4.99	5.41	4.48	4.96	7.40	7.95	5.75	7.03	8.85	8.60	6.11	7.85
$C40V_2$	5.33	6.10	5.18	5.54	8.93	9.01	8.11	8.68	10.62	12.36	11.24	11.41
$C40V_{2+PPF}$	5.38	5.46	5.51	5.45	9.09	10.03	10.37	9.83	11.24	13.09	13.68	12.67
$C40V_3$	6.33	6.06	5.85	6.08	10.56	10.62	10.38	10.52	18.61	18.05	17.10	17.92
$C100V_0$	1	1	1	1	1	1	1	1	1	1	1	1
$C100V_1$	5.48	5.30	5.27	5.35	8.34	9.00	8.95	8.76	9.70	10.90	11.03	10.54
$C100V_2$	5.64	5.72	6.67	6.01	10.77	10.10	10.63	10.50	14.90	14.42	15.89	15.07
$C100V_{2+PPF}$	6.68	6.95	7.26	6.96	12.53	11.24	11.70	11.82	17.61	18.59	18.33	18.18
$C100V_3$	6.95	6.82	7.11	6.96	13.78	12.87	11.24	12.63	22.86	23.61	21.96	22.81
$RPC200V_0$	1	1	1	1	1	1	1	1	1	1	1	1
$RPC200V_3$	5.68	7.95	7.15	6.93	14.69	16.37	16.46	15.84	25.22	27.51	23.20	25.31
$RPC200V_4$	7.99	8.37	9.23	8.53	18.01	19.94	20.22	19.39	34.48	37.71	36.62	36.27

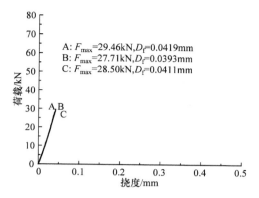

图 2.4   C40V_0 弯曲荷载-挠度曲线

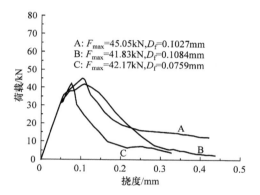

图 2.5   C40V_1 弯曲荷载-挠度曲线

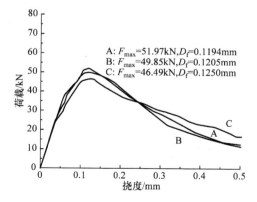

图 2.6   C40V_2 弯曲荷载-挠度曲线

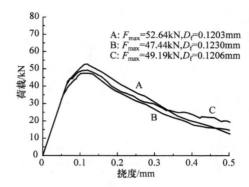

图 2.7　C40V$_{2+PPF}$ 弯曲荷载-挠度曲线

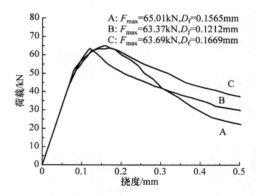

图 2.8　C40V$_3$ 弯曲荷载-挠度曲线

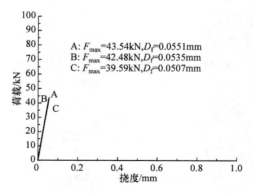

图 2.9　C100V$_0$ 弯曲荷载-挠度曲线

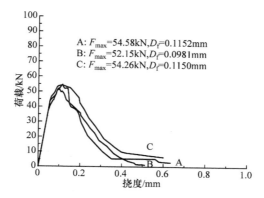

图 2.10 C100V$_1$ 弯曲荷载-挠度曲线

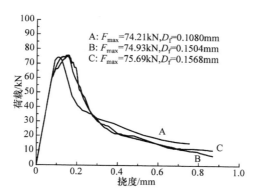

图 2.11 C100V$_2$ 弯曲荷载-挠度曲线

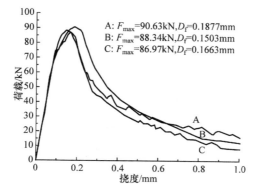

图 2.12 C100V$_{2+PPF}$弯曲荷载-挠度曲线

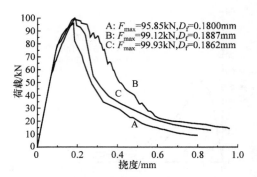

图 2.13 C100V$_3$ 弯曲荷载-挠度曲线

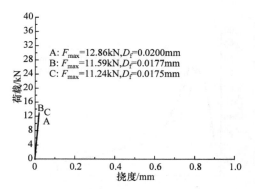

图 2.14 RPC200V$_0$ 弯曲荷载-挠度曲线

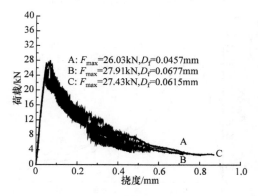

图 2.15 RPC200V$_3$ 弯曲荷载-挠度曲线

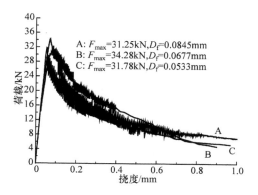

图 2.16　RPC200V$_4$ 弯曲荷载-挠度曲线

2.2.3　钢纤维混凝土静态力学性能的影响因素分析

1. 钢纤维对 SFRC 劈裂抗拉强度的影响

钢纤维混凝土的拉伸性能是其诸多优异特性的集中表现,而抗拉强度是确定混凝土抗裂能力的重要指标,也是间接地衡量其他力学性能,如抗剪强度、冲切强度、混凝土与钢筋的黏结强度等的关键因素。在我国《混凝土结构设计规范》(GB 50010—2010)中,混凝土的抗拉强度是设计指标之一[165],一般先测出混凝土的劈裂抗拉强度,再通过劈裂抗拉强度与轴拉强度之间的换算关系得出混凝土的抗拉强度。因此,劈裂抗拉强度对混凝土结构的设计非常重要。

从表 2.2 来看,对基体为 C40 系列的 SFRC 来说,$V_f=1\%\sim3\%$ 的劈裂抗拉强度分别比基体混凝土提高了 46.58%、70.65%、109.39%;C100 系列的 SFRC 相应提高的百分率则为 36.89%、73.60%、113.20%;RPC200V$_3$ 与 RPC200V$_4$ 则分别比 RPC200V$_0$ 提高了 110.47%、148.89%。可见,当混凝土基材一定时,钢纤维混凝土的劈裂抗拉强度与 V_f 近似呈线性关系,这与已有文献报道结果比较一致[170,171]。混凝土在拉力作用下,裂缝变化为引发、稳定扩展与不稳定扩展三个阶段,在混凝土基体中加入钢纤维后,钢纤维对混凝土的阻裂效应,使这三个阶段发生了明显的变化:钢纤维混凝土构件在受力初期,应变很小,钢纤维所承担的拉应力也小,混凝土起主要受力作用,随着应变增大,钢纤维承担应力增大,混凝土基体达到极限应变的时间推迟,即产生最初裂缝的时间得以推迟;基体开裂后,裂缝间应力重分布,原先由混凝土基体承担的应力向钢纤维转移,跨越裂缝的纤维将荷载传递给裂缝的两侧表面,使裂缝处材料仍能够继续承受荷载,裂缝扩展速度得到延缓,并呈稳定扩展状态;当拉力达到峰值时,裂缝扩展到临界点,开始出现失稳扩展状态,但由于仍有钢纤维跨越裂缝,使承载力缓慢地下降,也就改变了普通混凝土脆性断裂特征。V_f 越大,钢纤维对这三个阶段的影响越显著,钢纤维混凝土的劈裂抗拉强度也就越大。

2. 钢纤维对 SFRC 弯曲强度的影响

弯曲强度对许多工程结构都非常重要,如公路路面、机场跑道以及梁、板等受弯构件的设计都需要考虑材料的弯曲强度。

钢纤维混凝土在弯曲荷载作用下,与普通混凝土相比,荷载挠度曲线有不同特征,从表 2.3、图 2.4~图 2.16 可以看出,初裂挠度、峰值挠度、极限挠度和极限弯曲强度均是 $C40V_3 > C40V_2 > C40V_1 > C40V_0$、$C100V_3 > C100V_2 > C100V_1 > C100V_0$、$RPC200V_4 > RPC200V_3 > RPC200V_0$,从初裂弯曲强度比较,$C40V_3$ 比 $C40V_0$ 提高了 80.37%,$C100V_3$ 比 $C100V_0$ 提高了 72.23%,$RPC200V_4$ 比 $RPC200V_0$ 提高了 51.10%,极限弯曲强度的相应提高百分率则为 124.04%、134.76% 和 172.62%。这表明钢纤维的掺入推迟了基体的初裂点、峰值挠度点和极限挠度点的出现,提高了材料的弯曲强度。

从表 2.3 还可以看出,极限弯曲强度与初裂弯曲强度均是随着 V_f 的提高而增大,这说明钢纤维对混凝土的增强与阻裂效应不仅表现在峰值挠度之后的阶段,峰值挠度之前的阶段,效应也十分明显。钢纤维对混凝土基体的阻裂效应贯穿于混凝土裂前与裂后、峰值荷载前后的全过程之中,这是钢纤维混凝土的弯曲性能远优于普通混凝土的关键。同时也说明对于钢纤维混凝土受弯构件,只要裂缝控制在一定范围内,构件虽有裂缝,但依然可以安全承受荷载。

3. 钢纤维对 SFRC 韧性的影响

韧性是材料延性和强度的综合,可以定义为材料或结构从加载至失效吸收能量的能力。对钢纤维混凝土而言,钢纤维的增韧效应是最突出的贡献。尽管钢纤维对混凝土基体增韧与增强的影响规律十分相似,但增韧程度尤为显著。

从图 2.17 可以很直观地看出,钢纤维对基体混凝土的增韧效果,不同 V_f 的钢纤维混凝土弯曲韧度指数 η_{m5} 相差不多,较普通混凝土提高幅度为 6 倍左右,这主要与 η_{m5} 的计算方法有关,即 3 倍初裂挠度时的曲线面积有较大部分位于峰值荷载前。但 η_{m30} 就显然不同,它所对应的 10.5 倍初裂挠度基本上包括了曲线的全部,$C40V_3$ 的 η_{m30} 值是 $C40V_0$ 的 17.92 倍,$C100V_3$ 的 η_{m30} 值是 $C100V_0$ 的 22.81 倍,$RPC200V_4$ 的 η_{m30} 值是 $RPC200V_0$ 的 36.27 倍。钢纤维混凝土韧性优异可用多缝开裂理论来说明[172]:基体开裂后,纤维将承担全部荷载并有可能产生多缝开裂状态,改变了混凝土材料单缝开裂、断裂能低的性状,并出现假延性特征。在多缝开裂阶段,裂缝间距变小,数量增多,裂宽细化,肉眼看不见,这一阶段的出现大幅提高了材料的韧性,而且 V_f 越大,裂缝间距和宽度都会越小,从而增韧效果越显著。

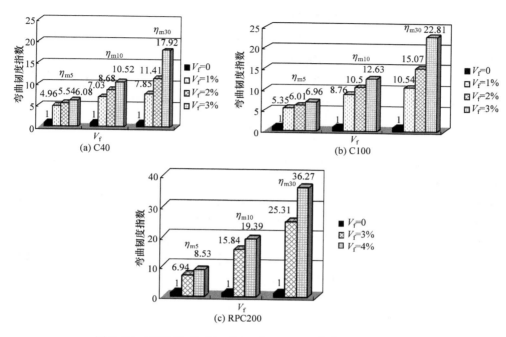

图 2.17　不同 V_f 的 C40、C100 和 RPC200 弯曲韧度指数对比

　　从图 2.15 和图 2.16 还可以看出,掺超细钢纤维的 RPC200 荷载-挠度曲线下降段呈密集锯齿形状,锯齿上升是跨越裂缝的纤维与未开裂的基体共同承担荷载,锯齿下降则是跨越裂缝的纤维被拨断或拔出瞬间试块承载力突然下降,接着又因为立即有另外的纤维跨越新的裂缝而使曲线出现上升的锯齿,如此往复,形成 RPC200 荷载-挠度曲线与 C40、C100 系列 SFRC 不同的独特之处。其原因在于:本试验相同 V_f 的每立方米基体中,RPC200 含有超细纤维的根数比 C40、C100 系列 SFRC 中的纤维根数多 1～2 个数量级,纤维间距是后两者的 1/3 左右[173],阻裂增韧效果远优于后两者。

　　4. 钢纤维对 SFRC 抗压强度的影响

　　由表 2.2 可见,钢纤维对 RPC200 与 C100 基体混凝土的抗压强度的增强效果较大,RPC200V_3 与 RPC200V_4 则分别比 RPC200V_0 提高了 31.96％和 41.90％,C100V_1、C100V_2、C100V_3 较 C100V_0 基体混凝土的强度平均值增幅分别为 4.48％、16.92％、30.54％,但对 C40 系列混凝土的抗压强度的增强作用较小,V_f 为 1％、2％、3％时,较 C40V_0 基体混凝土的强度平均值增幅分别为 4.09％、7.67％、13.80％。其原因在于:钢纤维对抗压强度能否发挥增强作用,主要取决于混凝土界面黏结强度的高低。对于 C40 混凝土,在受压工况下,钢纤维所起作用较小,测出的抗压强度主要取决于基体强度;对于 RPC200 与 C100 系列混凝土,水灰比小,活性矿物外掺料的加入,其火山灰效应、微集料效应、紧密堆积与填充效应改善了混凝土基体整体和界面结构,提高了界面黏结强度,减小了界面薄弱环节,当试块受压时,钢纤维与基体紧密黏结,纵横交错的纤维网状结构约束了试块的横向变形,使其近似于三向受压状态,导致材料强度较大幅度提高。

5. 钢纤维对 SFRC 弯曲弹性模量的影响

钢纤维对混凝土弯曲弹性模量的影响十分微小,当 $V_f = 0 \sim 3\%$ 时,钢纤维混凝土的弯曲弹性模量均未有明显的变化,产生这一现象的原因有三个方面:①混凝土弹性模量相对钢纤维的影响来说不敏感;②钢纤维占混凝土的体积分数很小,因此钢纤维自身的弹性模量不会引起钢纤维混凝土弹性模量的明显提高;③测定钢纤维混凝土弯曲弹性模量是指试块最大弯曲应力为弯曲强度 50% 时加载的割线模量,在此阶段钢纤维混凝土基本上处于线弹性阶段,V_f 从 0 增至 3%,荷载挠度曲线基本上重合,因而弹性模量十分接近。

6. 聚丙烯纤维-钢纤维混杂增强和增韧效果

从表 2.2~表 2.4 可以看出,$C100V_{2+PPF}$ 的各项性能都优于 $C100V_2$,其中,前者的劈裂抗拉强度、极限弯曲强度、η_{m5}、η_{m10}、η_{m30} 分别比后者提高了 12.96%、18.22%、15.81%、12.57%、20.64%,聚丙烯纤维体积率仅为 0.11%,但性能改善程度较高。聚丙烯纤维-钢纤维对 C100 系列基体混凝土的混杂增强和增韧效果可以从三个方面来解释:

(1)聚丙烯纤维对混凝土早期塑性收缩起到较强的控制作用,减少了早期裂缝的数量,减小了早期裂缝的尺度。聚丙烯纤维-钢纤维混凝土初始缺陷较少,从而材料能承受更高的荷载,破坏过程也更长,故其强度与韧性会有所增加。

(2)纤维的阻裂、增强和增韧功效发挥程度与纤维数量、间距密切相关。$C100V_{2+PPF}$ 组混凝土掺有体积率为 0.11% 的聚丙烯纤维,每立方米 $C100V_{2+PPF}$ 中聚丙烯单丝数量约 3000 万根,单丝平均间距小于 $2mm^{[174]}$。可见,与 $C100V_2$ 相比,$C100V_{2+PPF}$ 中的纤维数量多、间距小,阻裂增强能力更高。另外,钢纤维与聚丙烯纤维缠绕在一起,致使纤维和基体之间除存在黏结力外,还存在"纤维联锁"而产生的机械咬合力,使裂缝间的纤维更难以从混凝土基体中拔出,聚丙烯纤维-钢纤维形成三维乱向"索-杆网络结构",环绕、搭接、穿插在混凝土基体内,将混凝土基体核心揽系住,比单纯钢纤维网的约束能力更强。

(3)$C100V_{2+PPF}$ 集中了两种纤维不同的耗能优势。对于钢纤维,其弹性模量大,在拔出过程中,主要靠与基体摩擦消耗能量,纤维受力后的伸长量相对拔出位移而言在裂缝扩展中所占比例较小,纤维从基体中拔出所耗能量主要取决于界面黏结力和由此产生的纤维拔出过程中的摩擦力,而聚丙烯纤维在裂缝扩展中伸长量大,纤维伸长变形后积蓄的变形能占所消耗能量的主体,在裂缝开展过程中,纤维消耗的能量不仅取决于界面黏结力,而且在更大程度上取决于纤维本身的弹性模量与伸长率等性质。C100V$_{2+PPF}$ 试块开裂后,钢纤维与聚丙烯纤维协同抗裂,当裂缝宽度较小时,钢纤维与基体的黏结力大,对裂缝扩展的控制能力强,而聚丙烯纤维因伸长小,产生的抗力也小,故此时起抗裂主导作用的是钢纤维。随着裂缝的逐渐扩展,钢纤维因其埋深递减,又由于其硬度大,拔出过程中基体界面被磨光滑,与基体的黏结力减小,阻裂作用减弱直至被完全拔出,而聚丙烯纤维随着裂缝变宽,伸长量增大,抗力递增,对裂缝扩展的抑制力呈上升的趋势,逐渐起耗能阻裂的主导作用。C100V$_{2+PPF}$ 试块峰值荷载之后,裂缝数量与宽度俱增,不仅钢纤维混凝土阻裂,更重要的是聚丙烯纤维的阻裂潜能得到充分发挥,使材料呈现良好的韧性。

从表 2.2～表 2.4 还可以看出,C40V$_{2+PPF}$ 的各项性能与 C40V$_2$ 相比有所提高,但幅度较小,这主要是由于纤维与基体界面的黏结强度较低。使聚丙烯纤维-钢纤维在 C100 系列基体混凝土中产生的诸多优势未能在 C40 系列基体混凝土中发挥出来。此外,无论 C100 系列基体还是 C40 系列基体,聚丙烯纤维对混凝土的抗压强度都无明显的增强作用,这是由于纤维的主要作用在于提高劈裂抗拉强度与弯曲强度,弹性模量小的聚丙烯纤维更难对混凝土抗压强度起正面影响。

2.3　小　　结

1. 钢纤维混凝土制备技术

在普通施工工艺条件下,钢纤维在混凝土基体中的均匀分散性问题是 SFRC 制备技术的关键与难题,其影响因素如下:

(1) 钢纤维的长径比 l_f/d_f 与外形的影响。$V_f=2\%$、3% 时,$l_f/d_f=50$ 的端钩形钢纤维比 $l_f/d_f=58$ 的哑铃形钢纤维容易分散均匀。在中、高含量钢纤维混凝土中,为了纤维分散均匀,应该采用 $l_f/d_f<l_{fcrit}/d_f$(l_{fcrit}/d_f 为临界长径比)的端钩形、弓形或平直形钢纤维,方能确保钢纤维对混凝土基体增强、增韧与阻裂效应的充分发挥。

(2) 投料次序的影响。投料次序主要有先干后湿、湿拌与撒纤维同步两种方法,对于哑铃形钢纤维,第一种投料方法,干料与纤维之间的黏结力不足以克服纤维与纤维之间的搭接咬合力,干料难以携带纤维均匀分散,加水之前,钢纤维与砂石已被挤揉成团,加水后,结团更大;第二种投料方法,胶凝材料与砂石已成糊化状之后再散入钢纤维,胶状物与纤维之间的黏结力能够克服纤维与纤维之间的搭接咬合力,有助于钢纤维分散均匀。对于聚丙烯纤维-钢纤维复合增强混凝土,采用第二种投料方法,在聚丙烯纤维撒入湿拌合料中并分散之后,再撒入钢纤维,两种纤维的分散均匀性较好。

(3) 高效减水剂与优质粉煤灰、硅粉的影响。高效减水剂使水泥颗粒表面带有相同电荷而相互排斥,造成水泥颗粒在液相中分散,絮凝结构中被水泥颗粒包围的水得以释放出来,从而改善了混凝土的和易性与流动性。优质粉煤灰和硅粉发挥了微集料效应与形态效应。一方面,这两种矿物外掺料的微细粒子填充于水泥粒子之间的空隙中时,将原来空隙中的填充水置换出来,增大拌合料的流动性;另一方面,这些微细粒子在水泥颗粒之间起到"滚珠"作用,又使水泥浆体的流动性增加。高效减水剂与优质粉煤灰、硅粉协同作用,大幅增加了拌合料的流动性,使钢纤维更容易均匀分散。

2. 钢纤维混凝土主要静态力学性能

(1) 钢纤维对基体劈裂抗拉强度、弯曲强度提高很大,对韧性的改善尤为显著。劈裂抗拉强度,$V_f = 1\% \sim 3\%$ 的 C40 系列分别比基体混凝土提高了 46.58%、70.65%、109.39%;C100 系列分别比基体混凝土提高了 36.89%、73.60%、113.20%,RPC200V$_3$ 与 RPC200V$_4$ 则分别比 RPC200V$_0$ 提高了 110.47%、148.89%。弯曲强度,$V_f = 1\% \sim 3\%$ 的 C40 系列分别比基体混凝土提高了 50.50%、72.97%、124.04%;C100 系列分别比基体混凝土提高了 28.25%、79.03%、134.76% ,RPC200V$_3$ 与 RPC200V$_4$ 则分别比 RPC200V$_0$ 提高了 127.97%、172.62%。弯曲韧度指数 η_{m30},$V_f = 1\% \sim 3\%$ 的 C40 系列分别比基体混凝土提高了 7.85 倍、11.41 倍、17.92 倍;C100 系列分别比基体混凝土提高了 10.54 倍、15.07 倍、22.81 倍,RPC200V$_3$ 与 RPC200V$_4$ 则分别比 RPC200V$_0$ 提高了 25.31 倍、36.27 倍。

钢纤维对上述三种性能的提高,其根本原因在于钢纤维的阻裂效应。混凝土基体内部存在不同尺度的微裂缝,在结构形成过程中,钢纤维阻止了这些微裂缝的引发,减少了裂缝源的数量,并使裂缝尺度变小,从而降低了裂缝尖端的应力强度因子,缓和了裂缝尖端应力集中程度,在受力过程中,又抑制了裂缝的发生与扩展。其结果导致基体劈裂抗拉强度、弯曲强度与弯曲韧性提高。

(2) 钢纤维对 RPC200 与 C100 基体混凝土抗压强度的增强效果显著,但对 C40 基体混凝土的抗压强度的增强作用较小。RPC200V$_3$ 与 RPC200V$_4$ 则分别比 RPC200V$_0$ 提高了 31.96%、41.90%,C100V$_1$、C100V$_2$、C100V$_3$ 较 C100V$_0$ 基体混凝土的强度平均值增幅分别为 4.48%、16.92%、30.54%,而 C40V$_1$、C40V$_2$、C40V$_3$ 的抗压强度比 C40V$_0$ 基体增幅分别仅为 4.09%、7.67%、13.80%。其原因在于:前者的混凝土界面黏结强度远高于后者。

（3）钢纤维对混凝土弯曲弹性模量的影响十分微小，当 $V_f=0\sim3\%$ 时，钢纤维混凝土的弯曲弹性模量均未有明显的变化。

（4）聚丙烯纤维-钢纤维混杂对 C100 系列基体混凝土在拉、弯状态下的性能增强和增韧效果好。聚丙烯纤维体积率仅为 0.11% 时，$C100V_{2+PPF}$ 的各项性能都优于 $C100V_2$，其中，前者的劈裂抗拉强度、极限弯曲强度、η_{m5}、η_{m10}、η_{m30} 分别比后者提高了 12.96%、18.22%、15.81%、12.57%、20.64%。但聚丙烯纤维-钢纤维对 C40 系列基体混凝土增强效果不太明显，这主要是由于纤维与基体界面的黏结强度较低。此外，无论 C100 系列基体还是 C40 系列基体，聚丙烯纤维-钢纤维对混凝土的抗压强度都无明显的增强作用，这是因为弹性模量小的聚丙烯纤维难以对混凝土抗压强度起正面影响。

第 3 章　钢纤维混凝土准静态单轴受压特性

对基体强度为 C40、C100 与 RPC200、钢纤维体积率为 $0 \sim 4\%$ 的 SFRC 进行准静态单轴压缩试验,以得出其轴心抗压强度、弹性模量、泊松比、应力-应变曲线与曲线方程。

SFRC 在单轴压缩下的强度和变形性质,显示了它与普通混凝土材料的诸多区别,也决定了其受力性能的特点和设计计算方法。单轴压缩应力-应变曲线是材料在各个受力阶段的变形、内部裂缝发展、损伤积累、达到强度极限、峰值后韧性和最终破坏形态等一系列变化过程的完整宏观反映,这些特性是研究和分析 SFRC 结构、构件的承载力和变形的重要依据。在混凝土材料与结构的非线性分析中,由单轴压缩试验得出的材料本构关系是不可缺少的。

3.1　概　　述

20 世纪初以来,人们对混凝土的全过程单轴压缩研究较多,提出了大量的曲线方程,表 3.1 列举了其中的一部分。近年来,也有不少学者对 SFRC 进行了单轴压缩研究。

表 3.1　混凝土受压应力-应变曲线方程[175~177]

类型	表达式	建议者	提出时间
多项式	$\sigma = C_1 \varepsilon^n$	Bach	1919 年
	$\varepsilon = \sigma/E_0 + C_1 \sigma/(C_2 - \sigma)$	Ros	1950 年
	$\sigma^2 + C_1 \varepsilon^2 + C_2 \sigma\varepsilon + C_3 \sigma + C_4 \varepsilon = 0$	Kriz-Lee	1960 年
	$y = C_1 x + C_2 x^2 + C_3 x^3 + C_4 x^4$	Saenz	1964 年
	$\sigma = C_1 \varepsilon + C_2 \varepsilon^n$	Sturman	1965 年
	$\varepsilon = \sigma/E_0 + C_1 \sigma^n$	Terzaghi	
	$y = 0.5(2 + x - x^2)$	Lee	
指数式	$y = x\mathrm{e}^{1-x}$	Sahlin-Simth-Young	1955 年
	$y = 6.75(\mathrm{e}^{-0.812x} - \mathrm{e}^{-1.218x})$	Umemura	1951 年
	$\sigma = C_1(1 - \mathrm{e}^{-\varepsilon})$	Ritter	
三角函数式	$y = \sin(\pi x/2)$	Young	
	$y = \sin[0.5\pi(-0.27\,|\,x-1\,|\,+0.73x+0.27)]$	Okayama	
	$y = \sin(2/\pi x) + 0.2(x-1)(\mathrm{e}^{1-x}-1)$	Hsu 等[178]	1963 年

续表

类型	表达式		建议者	提出时间
有理分式	$y=2x/(1+x^2)$		Desayi 等[179]	1964 年
	$y=(C_1+1)x/(C_1+x^n)$		Tulin-Gerstle	1964 年
	$y=x/(C_1+C_2x+C_3x^2+C_4x^3)$		Saenz	1964 年
	$\sigma=C_1\varepsilon/[(\varepsilon+C_2)^2+C_3]-C_4\varepsilon$		Alexander	1965 年
	$y=[C_1x+(C_2-1)x^2]/[1+(C_1-2)x+C_2^2x^2]$		Sargin-Handa	1969 年
	$y=Cx/(C-1+x)$		Popovics[180]	1970 年
	$\sigma=E_0\varepsilon/(C_1+C_2\varepsilon+C_3\varepsilon^2+C_4\varepsilon^3)$		Elwi-Murray	1979 年
	$y=C\varepsilon/(C-1+\varepsilon_c)$		Carreira[181]	1985 年
	$\sigma=E_0\varepsilon[1-(1-E_c/E_0)\varepsilon/\varepsilon_0]$		Bauman	
分段式	$0\leqslant x\leqslant1$	$x>1$		
	$y=2x-x^2$	$y=1-0.15(\varepsilon-\varepsilon_0)/(\varepsilon_u-\varepsilon_0)$	Hognestad[182]	1955 年
	$y=2x-x^2$	$y=1$	Rüsch	1960 年
	$y=2x-x^2$	$y=1-C(\varepsilon-\varepsilon_0)$	Park 等[183]	1975 年
	$y=A_1x/(1+B_1x+C_1x^2)$	$y=A_2x/(1+B_2x+C_2x^2)$	Ramesh[184]	2003 年
	$y=C_1x+(3-2C_1)x^2+(C_1-2)x^3$	$y=x/[C_2(x-1)^2+x]$	过镇海等[185]	1981 年
	$y=x/[C_1(1-x)^{C_2}+x]$	$y=x/[C_3(x-1)^{C_4}+x]$	杨木秋和林泓[186]	1992 年
	$y=C_1x+(3-2C_1)x^2+(C_1-2)x^3$	$y=(2-C_2)x/(x^2+C_2x+1)$	高丹盈[187]	1994 年

注：①公式中的符号含义：σ 为轴向压应力；ε 为轴向压应变；f_c 为轴心抗压强度；ε_0 为 f_c 对应的应变值；ε_c 为 f_c 对应的应变值；ε_u 为轴向最大压应变；$y=\sigma/f_c$；$x=\varepsilon/\varepsilon_0$；$E_0$ 为割线模量；E_c 为弹性模量；A_1、A_2、B_1、B_2、C、C_1、C_2、C_3、C_4、n 都是待定参数。②最右栏空白者，时间不详。

　　Ezeldin 和 Balaguru 对 V_f 为 $0.38\%\sim0.77\%$、抗压强度为 $35\sim85\mathrm{MPa}$ 的 SFRC 进行轴向压缩试验，钢纤维长径比分别为 60、75 和 100。分析了钢纤维参数对 SFRC 峰值应力、峰值应变、弹性模量和韧度的影响，以及硅灰与钢纤维对混凝土的复合效应，并提出了应力-应变曲线方程[188]。

　　Lin 和 Hsu 等对 V_f 为 $0.5\%\sim1\%$ 的 SFRHSC 进行单轴压缩试验[189]，文献[190]研究了水胶比、掺合料掺量、养护龄期等对抗压强度为 $50\sim120\mathrm{MPa}$ 混凝土的应力-应变曲线的影响，提出单轴压缩下的应力-应变曲线方程。

　　Mansur 等对环向约束的高强混凝土圆柱体试块和 SFRC 圆柱体试块进行了轴向压缩试验。结果表明，初始切线模量和泊松比不受约束条件的影响，而环向约束提高了材料的峰值应力和应变。与水平布置钢纤维的试块相比，垂直布置钢纤维的试块显示出更大的峰值应力与峰值后的韧性。在试验数据的基础上，提出了应力-应变曲线方程[191]。另外，Mansur 等发现在高强混凝土和 SFRC 单轴压缩试验中,棱柱体试块测试的材料性能优于圆柱体试块[192]。

Nataraja 等对抗压强度为 $30\sim50\mathrm{MPa}$、V_f 为 0.5%、0.75% 和 1.0% 的 SFRC 进行了单轴压缩试验,提出了 SFRC 应力-应变曲线方程,方程的计算值与试验结果有良好的相关性[193]。

Ding 和 Kusterle 对 $V_\mathrm{f}=0\sim0.77\%$、龄期为 $9\sim81\mathrm{h}$ 的 SFRC 进行了单轴压缩试验,发现钢纤维的掺入使早龄期混凝土具有显著的增韧和吸收能量的能力[194]。

Ramesh 等对 90 个尺寸为 $150\mathrm{mm}\times150\mathrm{mm}\times300\mathrm{mm}$、内含钢丝网约束、$V_\mathrm{f}=0\sim1.2\%$、轴心抗压强度为 $22.9\sim36.9\mathrm{MPa}$ 的 SFRC 棱柱体进行了研究,根据试验结果建立了曲线方程[184]。

Unal 等对 V_f 为 0、0.2%、0.4% 和 0.6% 的 SFRC 进行了单轴压缩试验,并采用对模糊逻辑系统建立 SFRC 应力-应变曲线模型,对于同种 SFRC,理论模型得出的应力-应变曲线与实测应力-应变曲线接近重合[195]。

Sun 和 Yan 通过试验发现,钢纤维对高强混凝土抗压强度有增强作用,混凝土基材强度越高,增强幅度越大[196]。

高丹盈对 $V_\mathrm{f}=0\sim2\%$ 的 SFRC 进行单轴压缩试验,发现钢纤维含量的特征参数 $V_\mathrm{f}l_\mathrm{f}/d_\mathrm{f}$ 是影响应力-应变曲线特性的主要因素,随纤维含量特征参数的增加,应力-应变曲线越丰满,在试验基础上建立的单调和重复轴压荷载作用下 SFRC 应力-应变曲线方程反映了钢纤维阻裂增强的特点,与试验结果具有较好的符合性[187]。

曲福进等进行了 12 根砂浆渗浇钢纤维混凝土试块和 3 个不含钢纤维的对比试块的单调轴向拉伸应力-应变曲线的试验,根据试验结果推导了应力-应变各项参数的经验公式和应力-应变曲线的表达式[197]。

严少华等对 $V_\mathrm{f}=0\sim6\%$、抗压强度为 $65\sim120\mathrm{MPa}$ 的 SFRHSC 进行了单轴压缩试验[198],分析了 V_f、长度、骨料最大尺寸以及养护方式对抗压强度、韧度、弹性模量、泊松比的影响,并按照杨木秋和林泓提出的混凝土受压曲线方程模式[186],给出了 SFRHSC 曲线方程的参数。

赵顺波等对 $V_\mathrm{f}=0\sim3\%$ 的钢纤维混凝土进行压缩试验后发现,随着 V_f 的增大,钢纤维混凝土的弹性模量增大幅度不超过 10%,建议其弹性模量可取同强度等级普通混凝土的弹性模量[199]。

何化南和黄承逵通过直接拉伸试验研究了不同自应力等级下的钢纤维自应力混凝土的受拉应力-应变曲线特征,建议上升段采用比例方程表示,下降段简化为以拐点分界的两部分直线。曲线下降段拐点的应变定义为 500×10^{-6},并提出拐点应力计算公式[200]。

刘曙光等对抗压强度为 83.2～96.1MPa 的 SFRHSC 进行单轴压缩试验,发现在 V_f=1.5％及 2.0％时,SFRHSC 应力-应变曲线出现了二次峰值[201]。

焦楚杰和孙伟等采用微机控制电液伺服万能试验机对 V_f 为 0～4％的 SFRC、SFRHSC、钢纤维增强 RPC 进行单轴受压试验[76,202～205],试验结果表明,随 V_f 的增加,中低强度的 SFRC 的抗压强度小幅度增长,SFRHSC 和 RPC 抗压强度则增幅较大;中低高强度的 SFRC 的韧度则都随 V_f 的增加而增幅变大;SFRC 的弹性模量和泊松比均是不敏感的材料参数,前者随材料抗压强度的提高而缓慢增加,后者随 V_f 的加大而略有减小;从最终破坏形态看,混凝土基体为柱状压坏,SFRC 主要为剪切破坏。根据实测的应力-应变曲线的特点提出了含两参数 A 和 B 的单轴受压本构方程,并回归出 A、B 与 V_f、轴心抗压强度 f_c 之间的关系式。

上述文献报道以及其他相关研究成果使人们对普通 SFRC 的单轴压缩力学性能有了较多的了解,本章则对基体强度为 C40、C100 与 RPC200、V_f 为 0～4％的 SFRC 进行系统的准静态单轴压缩试验。

对于混凝土单轴压缩应力-应变曲线数学表达,有很多学者提出了各式各样的方程,见表 3.1。按其数学函数的形式可分为多项式、指数式、三角函数式、有理分式和分段式。对部分方程作图 3.1,由图 3.1 可见应力-应变曲线的差别。以下对其进行简要分析:

(1) 应力-应变曲线的上升段和下降段采用统一的方程表达,优点是参数少、形式简单和计算方便。但是其曲线形状很难满足试验曲线的全部几何特点。

(2) 多项式,虽然增加次数和项数可获得更多的参数,从而提高其拟合精度,但是高次曲线在应变值增大后的变化大,很可能出现 $y<0$ 或 $y>1$ 的现象($y=\sigma/f_c$,σ 为受压过程中的应力,f_c 为轴心抗压强度),如图 3.1 中的曲线 A、B 和 C。或者多次出现拐点($\mathrm{d}^2y/\mathrm{d}x^2=0$,$x=\varepsilon/\varepsilon_c$,$\varepsilon$ 为受压过程中的应力值,ε_c 为 f_c 对应的应变值)。

(3) 指数式,上升段曲线的初始阶段,y 值增长很快,后期变化小,造成弹性模量与割线模量的比值偏大,如图 3.1 中的曲线 E 和 F,而下降段曲线又下降太快。

(4) 三角函数式,上升段曲线的缺点与指数式相同,下降段曲线与 x 轴相交,y 为负值,方程就无效了。

(5) 有理分式,适合于曲线的上升段与下降段。但如果参数值选择不当,上升段曲线的起始部分将凸向 x 轴,形成拐点,不符合混凝土材料性质,即当压应力为 30％～40％抗压强度时,应力-应变近似于直线变化。

SFRC 最大的特点是峰值荷载后的优异韧性,普通混凝土的研究者往往侧重于峰值前的材料性能,这对 SFRC 结构的设计不太经济,难以体现 SFRC 的韧性优势,若用于 SFRC 构件或结构的数值计算,很可能不够精确。

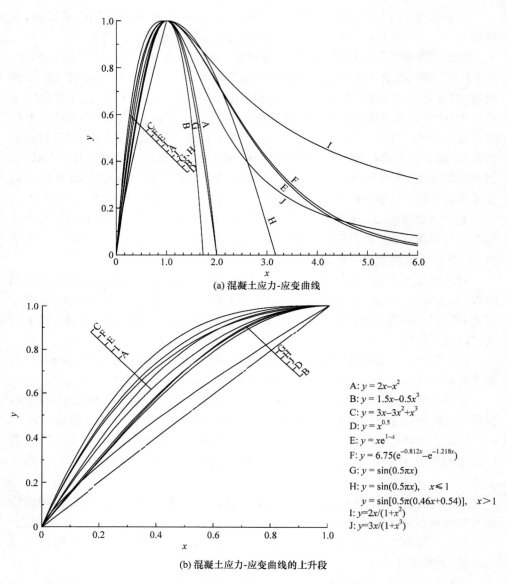

(a) 混凝土应力-应变曲线

A: $y = 2x - x^2$
B: $y = 1.5x - 0.5x^3$
C: $y = 3x - 3x^2 + x^3$
D: $y = x^{0.5}$
E: $y = xe^{1-x}$
F: $y = 6.75(e^{-0.812x} - e^{-1.218x})$
G: $y = \sin(0.5\pi x)$
H: $y = \sin(0.5\pi x), \quad x \leqslant 1$
　　$y = \sin[0.5\pi(0.46x + 0.54)], \quad x > 1$
I: $y = 2x/(1+x^3)$
J: $y = 3x/(1+x^3)$

(b) 混凝土应力-应变曲线的上升段

图 3.1　部分混凝土应力-应变曲线方程的比较

混凝土无统一的组成原料、配合比和制备工艺,内部结构具有高度离散性,100多年来,混凝土经过了一个不断发展和更新的过程,尤其在科学技术日新月异的21 世纪,混凝土科学的发展同样会与时俱进。因此,国内外众多专家认为难以建立适用于混凝土的普遍关系式或数学模型[206,207],文献[175]指出,至今还没有,今后也不大可能确立一个公认的唯一混凝土本构模型;文献[208]也指出,很难确定一个通用的本构模型,只能根据结构的特点、应力范围和精度要求等加以适当选择。

符合工程实际的曲线方程对防护工程的设计和计算至关重要[209,210],本章将在准静态单轴压缩试验的基础上,建立 C40 系列 SFRC、C100 系列 SFRC、RPC200 的应力-应变曲线方程,供采用上述材料建造的工程设计和计算参考。

3.2　单轴受压试验设备、测试与计算方法

3.2.1　试验设备

混凝土的单轴受压试验设备采用微机控制电液伺服万能试验机,辅以电子引伸计。试验机采用 AMSLA 油缸上置主机,电液伺服油源的关键部件、电液伺服阀、油泵电机组与电器控制部分均为进口元件,实现了荷载、试块变形和活塞位移等参量的闭环控制,可用于金属与非金属材料的拉伸、压缩、弯曲和剪切试验。试验时,可进行应力、应变率、位移控制,试验控制系统为全数字化。试验装置如图 3.2 所示,全过程压缩试验原理如图 3.3 所示。其主要技术参数如下:①最大试验力 2000kN;②最大应变率 $0.01\mathrm{s}^{-1}$;③压缩面间最大距离 690mm;④活塞最大行程 250mm。

(a) 控制台

(b) 试验机

图 3.2　微机控制电液伺服万能试验机

混凝土单轴受压应力-应变曲线的下降段不容易准确测试出,尤其对于脆性大的高强混凝土与超高强混凝土试块,应力-应变曲线往往只能测出上升段。本试验

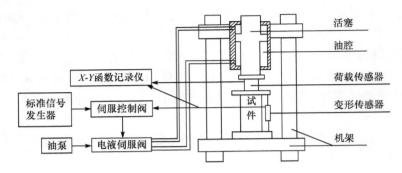

图 3.3　液压伺服试验机原理示意图

采用 YYU-25/50 型电子引伸计粘贴于试块中部,如图 3.4 所示,通过该措施能够测出混凝土应力-应变曲线的下降段。

图 3.4　单轴受压试块与电子引伸计

　　压缩弹性模量与泊松比的测试采用另一台吨位为 3000kN 的压力试验机,混凝土试块侧面分别粘贴相对的 SZ120-60AA 型应变片,采用 YJ-31 静态电阻应变仪直接测量应变的方法,如图 3.5 所示。

(a) 应变片粘贴方式　　　　　　(b) 加载　　　　　　(c) YJ-31 静态电阻应变仪

图 3.5　弹性模量与泊松比的测试

3.2.2　测试与计算方法

（1）测试对象。$C40V_0$、$C40V_1$、$C40V_2$、$C40V_3$、$C100V_0$、$C100V_1$、$C100V_2$、$C100V_{2+PPF}$、$C100V_3$、$RPC200V_0$、$RPC200V_3$、$RPC200V_4$ 12 种材料。

（2）测试指标。准静态 $10^{-4}s^{-1}$ 和 $10^{-2}s^{-1}$ 两种应变率的应力-应变曲线、应变率为 $10^{-4}s^{-1}$ 的压缩弹性模量与泊松比。

压缩韧性以压缩韧度指数 η_{c5}、η_{c10} 和 η_{c30} 来量化[168]，如图 3.6 所示，该三个韧度指数计算方法如下：

$$\eta_{c5} = \frac{OACD\ 面积}{OAB\ 面积} \tag{3.1}$$

$$\eta_{c10} = \frac{OAEF\ 面积}{OAB\ 面积} \tag{3.2}$$

$$\eta_{c30} = \frac{OAGH\ 面积}{OAB\ 面积} \tag{3.3}$$

弹性模量 $E_{fc,c}$ 按照《钢纤维混凝土试验方法》（CECS 13:89）[168]规定进行至少五次的加载和卸载操作，然后按式（3.4）计算：

$$E_{fc,c} = \frac{F_{con} - F_i}{A^*} \times \frac{l^*}{u^*} \tag{3.4}$$

式中，$E_{fc,c}$ 为静力受压弹性模量（MPa）；F_{con} 为应力为 40% 轴心抗压强度时的控制荷载（N）；F_i 为应力为 0.5MPa 时的初始荷载（N）；A^* 为试块承压面积（mm^2）；l^* 为变形测量标距（mm）；u^* 为最后一次从 F_i 到 F_{con} 时，变形测量标注内的长度变化值（mm）。

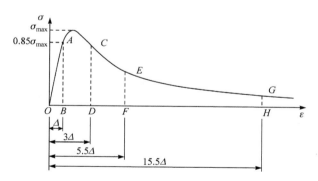

图 3.6　应力-应变曲线及压缩韧度指数计算示意图

泊松比 ν_s 的定义为试块横向应变与轴向应变之比的绝对值。泊松比与弹性模量同时测量，按式（3.5）计算：

$$\nu_{s} = \frac{\varepsilon_{2}' - \varepsilon_{1}'}{\varepsilon_{2} - \varepsilon_{1}} \tag{3.5}$$

式中，ε_{2}'、ε_{1}'分别为最后一次从 F_{i} 到 F_{con} 时试块的横向应变；ε_{2}、ε_{1} 分别为最后一次从 F_{i} 到 F_{con} 时试块的轴向应变。

3.3　钢纤维混凝土单轴受压试验结果

3.3.1　测试与计算结果

单轴受压应力-应变曲线如图 3.7～图 3.18 所示，图中，A、B、C 应变率为 $10^{-4}\,\mathrm{s}^{-1}$，D、E、F 应变率为 $10^{-2}\,\mathrm{s}^{-1}$，σ_{max} 为峰值应力，ε_{0} 为峰值应力对应的应变。各系列 SFRC 的测试与计算结果平均值见表 3.2。

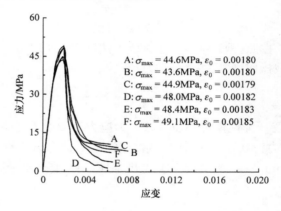

图 3.7　C40V_{0} 应力-应变曲线

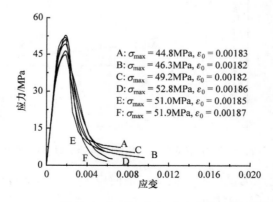

图 3.8　C40V_{1} 应力-应变曲线

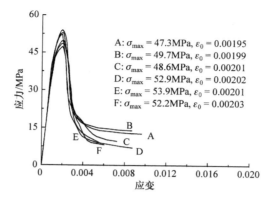

图 3.9　C40V$_2$ 应力-应变曲线

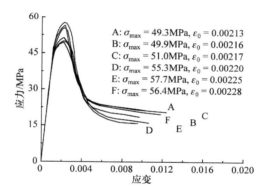

图 3.10　C40V$_3$ 应力-应变曲线

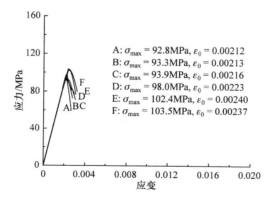

图 3.11　C100V$_0$ 应力-应变曲线

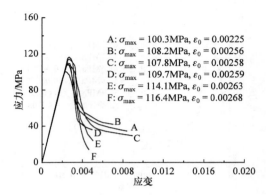

图 3.12　C100V$_1$ 应力-应变曲线

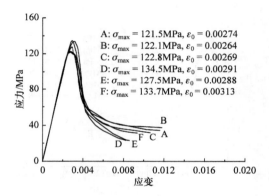

图 3.13　C100V$_2$ 应力-应变曲线

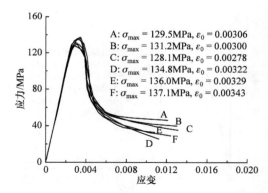

图 3.14　C100V$_{2+PPF}$应力-应变曲线

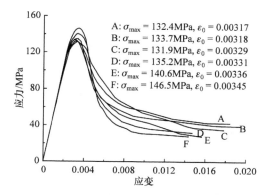

图 3.15 C100V$_3$ 应力-应变曲线

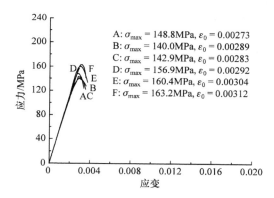

图 3.16 RPC200V$_0$ 应力-应变曲线

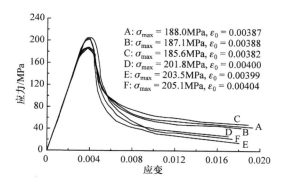

图 3.17 RPC200V$_3$ 应力-应变曲线

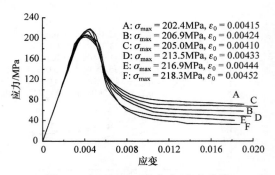

图 3.18　RPC200V₄ 应力-应变曲线

表 3.2　各系列 SFRC 单轴受压的试验结果

| 编号 | 应变率 /s^{-1} | 轴心抗压强度 /MPa | 曲线峰值应变 /($\times 10^{-3}$) | 最大应变 /($\times 10^{-3}$) | 弯曲韧度指数 | | | 弹性模量 /GPa | 泊松比 |
					η_{c5}	η_{c10}	η_{c30}		
C40V₀	10^{-4}	44.4	1.800	7.031	4.13	5.43	5.76	37.7	0.2391
	10^{-2}	48.5	1.833	6.259	3.68	4.05	4.89	—	—
C40V₁	10^{-4}	46.8	1.820	8.498	4.72	6.07	6.74	39.0	0.2331
	10^{-2}	51.9	1.860	6.010	4.95	5.77	5.81	—	—
C40V₂	10^{-4}	48.5	1.983	9.018	5.24	6.23	8.51	40.5	0.2320
	10^{-2}	53.0	2.020	6.750	5.02	5.93	6.39	—	—
C40V₃	10^{-4}	50.1	2.153	11.468	5.76	7.91	10.02	41.2	0.2248
	10^{-2}	56.5	2.243	9.953	5.69	7.03	8.96	—	—
C100V₀	10^{-4}	93.4	2.137	2.840	2.10	2.10	2.10	45.1	0.2398
	10^{-2}	101.3	2.333	3.163	2.20	2.20	2.20	—	—
C100V₁	10^{-4}	105.5	2.463	8.050	4.14	5.53	5.53	46.7	0.2388
	10^{-2}	113.4	2.617	4.873	2.97	2.97	2.97	—	—
C100V₂	10^{-4}	122.1	2.690	11.347	4.70	6.03	6.11	48.9	0.2272
	10^{-2}	131.7	2.973	8.713	3.63	4.27	4.27	—	—
C100V₂₊PPF	10^{-4}	129.6	2.947	12.747	4.77	6.56	8.09	49.0	0.2231
	10^{-2}	136.0	3.313	11.473	4.29	5.59	7.59	—	—
C100V₃	10^{-4}	132.7	3.210	18.583	4.83	9.28	12.58	51.1	0.2204
	10^{-2}	140.8	3.373	14.907	4.37	8.20	10.83	—	—
RPC200V₀	10^{-4}	143.9	2.817	3.513	2.05	2.05	2.05	54.7	0.2140
	10^{-2}	160.2	3.027	3.413	1.91	1.91	1.91	—	—
RPC200V₃	10^{-4}	186.9	3.857	18.807	4.12	6.07	9.96	57.3	0.2110
	10^{-2}	203.5	4.010	17.487	3.54	4.60	7.72	—	—
RPC200V₄	10^{-4}	204.8	4.165	19.533	4.57	9.73	13.10	57.9	0.2060
	10^{-2}	216.2	4.430	18.817	4.11	8.65	10.24	—	—

3.3.2　破坏形态

典型的破坏形态如图 3.19～图 3.24 所示。

$$\text{C40V}_0 \qquad \text{C40V}_1 \qquad \text{C40V}_2 \qquad \text{C40V}_3$$

图 3.19　应变率为 $10^{-4}\,\mathrm{s}^{-1}$ 时 C40 系列 SFRC 的破坏形态

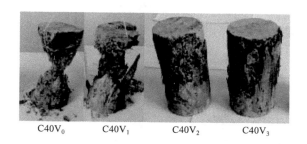

$$\text{C40V}_0 \qquad \text{C40V}_1 \qquad \text{C40V}_2 \qquad \text{C40V}_3$$

图 3.20　应变率为 $10^{-2}\,\mathrm{s}^{-1}$ 时 C40 系列 SFRC 的破坏形态

$$\text{C100V}_0 \quad \text{C100V}_1 \quad \text{C100V}_2 \quad \text{C100V}_{2+\text{PPF}} \quad \text{C100V}_3$$

图 3.21　应变率为 $10^{-4}\,\mathrm{s}^{-1}$ 时 C100 系列 SFRC 的破坏形态

C100V$_0$ C100V$_1$ C100V$_2$ C100V$_{2+PPF}$ C100V$_3$

图 3.22 应变率为 10^{-2} s^{-1} 时 C100 系列 SFRC 的破坏形态

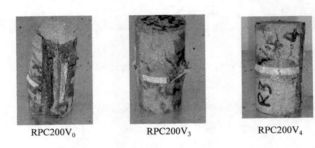

RPC200V$_0$ RPC200V$_3$ RPC200V$_4$

图 3.23 应变率为 10^{-4} s^{-1} 时 RPC200 的破坏形态

RPC200V$_0$ RPC200V$_3$ RPC200V$_4$

图 3.24 应变率为 10^{-2} s^{-1} 时 RPC200 的破坏形态

1. C40 系列 SFRC 破坏过程

当应变率为 10^{-4} s^{-1} 时,C40V$_0$ 试块在峰值荷载前,有少数裂缝出现,峰值荷载后,试块周边逐渐鼓胀,局部剥落,几条主要裂缝扩展延伸贯穿,试块裂成上下相对的两个锥体与周边的较大块体。SFRC 试块在峰值荷载前,也有少数裂缝出现,与 C40V$_0$ 不同的是峰值荷载后,周边鼓胀更大,裂缝多而细,C40V$_1$ 和 C40V$_2$ 有斜向主裂缝贯穿于试块,但试块基本上保持整体,C40V₃ 则只有表层局部剥落,无可见贯穿裂缝。

当应变率为 $10^{-2}\,s^{-1}$ 时,试块在峰值荷载前的表现与 $10^{-4}\,s^{-1}$ 时基本相同。峰值荷载后,C40V₀ 试块周边迅速鼓胀,大量剥落,很快形成上下相对的两个锥体,C40V₁ 试块也压溃,近似于两个锥体状,完整性比 C40V₀ 试块稍好,C40V₂ 和 C40V₃ 试块表层大面积剥落,斜向主裂缝贯穿于试块,但试块基本上保持完整。

2. C100 系列 SFRC 破坏过程

当应变率为 $10^{-4}\,s^{-1}$ 时,对于 C100V₀ 试块,峰值荷载之前,试块表面无可见裂缝,当轴向压力达到峰值荷载时,伴随着爆裂声,试块周边中部迅速大块剥裂而破坏。对于含钢纤维的 C100 系列试块,轴向压力接近最大压力时,试块侧表面有裂缝出现。峰值应力之后,试块周边横向逐渐鼓胀,在破坏前,劈裂声较小,持续时间较长,V_f 越大,峰值应力与初裂应力差值越大,试块破坏过程耗时越长。

当应变率为 $10^{-2}\,s^{-1}$ 时,试块在峰值荷载前的表现与 $10^{-4}\,s^{-1}$ 时基本相同。峰值荷载后,C100V₀ 试块爆裂,碎块崩飞,含钢纤维的 C100 系列试块破坏较慢,C100V₁ 与 C100V₂ 试块侧面出现斜裂缝,C100V₂₊PPF 与 C100V₃ 试块侧面出现平行于轴线的裂缝。

3. RPC200 破坏过程

RPC200 试块的破坏过程与 C100 系列比较相近。对于 RPC200V₀,在峰值荷载时,爆裂现象更为剧烈,对于 RPC200V₃ 与 RPC200V₄,则如图 3.23 所示,试块周边横向鼓胀程度更明显。

3.4　钢纤维混凝土单轴受压试验结果分析

3.4.1　破坏过程与形态

从破坏过程看,在峰值荷载前,各系列配合比试块的损伤发展与破坏现象基本相同,达到峰值荷载后,C40、C100 与 RPC200 基体呈脆性破坏,SFRC 呈韧性破坏,V_f 越大,韧性破坏特征越明显。在受压条件下,试块的变形与损伤大致可以分为以下四个阶段:

（1）微裂缝及气孔闭合。

（2）混凝土线弹性响应。

（3）微裂缝稳态扩展。

（4）裂缝贯通与非稳态扩展。

　　(1)和(2)阶段混凝土的应变很小,为$(0.05\sim0.5)\varepsilon_0$,高强与超高强度混凝土则线弹性应变更大一些,在此阶段,钢纤维所承担的应力很小,混凝土基体起主要受力作用;到(3)阶段,即$(0.5\sim0.9)\varepsilon_0$时,微裂缝稳态扩展,应力-应变曲线发生弯曲,由于 C100 与 RPC 基体线弹性阶段较长,裂缝稳态扩展时的应变已接近ε_0,因此其弯曲程度不明显,曲线上升段近似于直线,但当钢纤维含量较大时(如$V_f\geqslant$2%),因钢纤维所起阻裂效应较大,曲线上升段接近峰值荷载时出现了弯曲情况。但总体来说,在峰值荷载之前的(1)~(3)阶段,微裂缝宽度小,扩展速度慢,钢纤维所起的阻裂作用并不十分明显,因此在峰值荷载前,各个试块的破坏现象基本相同。在峰值荷载后的(4)阶段,对于普通混凝土基体,裂缝迅速增宽、延长与贯通,试块发生脆性破坏,基体强度越高,破坏过程越短,脆性越显著;对于 SFRC,三维乱向分布的钢纤维如同索网将基体层层揽系住,阻碍了裂缝的进一步扩展以及新裂缝的产生,V_f越大,阻裂增韧效果越显著,试块裂而不散,韧性破坏特征越明显。

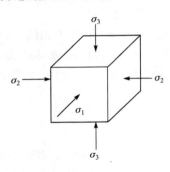

图 3.25　应力状态

　　从最终破坏形态看,混凝土基体为柱状压坏,C40 与 C100 系列基体受试验机垫板的环箍效应,试块两端形成锥体,$RPCV_0$ 因强度很高,环箍效应在试块破坏应力中所占比例较小,因此试块柱状压坏特征明显。C40 系列 SFRC 主要为剪切破坏,C100 系列 SFRC 主要为剪切破坏与劈裂破坏,$RPCV_3$ 与 $RPCV_4$ 则都为劈裂破坏。其原因在于:未掺钢纤维的混凝土基体在单轴受压过程中,在σ_3的作用下,沿两个垂直方向(即σ_1和σ_2方向,如图 3.25 所示)产生拉应变,侧向应变超过基体的极限拉应变后,形成平行于σ_3和试块侧表面的裂缝面,裂缝面的加宽、扩展与贯通,导致试块劈裂成多个柱状体。加了钢纤维之后,在侧向鼓胀过程中,钢纤维起到约束鼓胀的作用,σ_1和σ_2都增大,使试块如同受到三向压应力状态,主应力平面与试块轴向存在一夹角,因此最终的破坏为斜截面剪切破坏。如果基体与钢纤维黏结力非常强,同时纤维含量大,那么斜截面裂缝的扩展受到更大的约束,最终的破坏是随着侧向拉应变的逐渐增大,由于在σ_1或σ_2方向纤维分布的相对不均匀性,在任一方向的纤维突然与基体脱黏形成薄弱环节,应力状态由三维受压变为二维受压,试块从薄弱面劈裂破坏。

3.4.2　轴心抗压强度和韧度的影响因素分析

1. 纤维体积率

　　从表 3.2 可以看出,随着V_f的提高,各系列材料强度和韧度都递增。当应变

率为 $10^{-4}\,\mathrm{s}^{-1}$ 时，C100V_1、C100V_2、C100V_3 的轴心抗压强度平均值分别较 C100V_0 提高 12.96%、30.73%、42.08%，η_{c30} 平均值分别提高 1.63 倍、1.91 倍、4.99 倍；RPC200V_3、RPC200V_4 的轴心抗压强度平均值分别较 RPCV_0 提高 29.88%、42.32%，η_{c30} 平均值分别提高 3.86 倍、5.39 倍；但 C40 系列 SFRC 轴心抗压强度 与 η_{c30} 平均值提高幅度较小，C40V_1、C40V_2、C40V_3 的轴心抗压强度平均值分别较 C40V_0 提高了 5.41%、9.23%、12.84%，η_{c30} 平均值分别提高了 0.17 倍、0.48 倍、0.74 倍。国内外一些学者[13,211]认为钢纤维提高混凝土的抗压强度幅度不大，这是针对低强度混凝土基体而言的。当 V_f 超过 0.5% 后，纤维对抗压强度能否发挥增强作用，主要取决于混凝土基材界面与纤维的黏结强度和纤维本身的抗拉强度。对于低强度混凝土，钢纤维与基体黏结强度低，钢纤维的掺入使整个体系内增加了界面薄弱区，受压时，该薄弱区可能首先导致材料破坏，纤维起不到增强作用。而对于中、高与超高强混凝土，水灰比小，胶凝体黏稠性大，纤维与基体的界面黏结强度高，尤其是活性矿物外掺料的加入，进一步改善了混凝土基体整体和界面结构，强化了纤维与基体之间的黏结，当试块受压时，纵横交错的纤维网状结构约束了试块的横向变形，使其近似于三向受压状态，延缓了破坏进程，导致材料轴心抗压强度和韧度的提高。

2. 矿物外掺料的影响

硅粉、磨细矿渣和粉煤灰的加入，经不同龄期的水化和火山灰反应，能提高水泥的水化反应程度，增加水化产物如水化硅酸钙凝胶生成数量，减少氢氧化钙晶体的数量，同时减弱甚至消除水泥石—集料界面区中板状晶体的定向排列和富集现象，强化界面区的黏结性能[212]，这是其与纯水泥浆体混凝土有明显区别的微观结构特征，有利于提高混凝土强度。无矿物外掺料的 C40 试块的裂缝通常是沿粗骨料周围扩展，而含矿物外掺料的 C100 试块的断裂一般均发生在砂浆体和粗骨料内部，粗骨料大多裂开。由此可见，含矿物外掺料的混凝土内部界面区致密，界面结构更均匀、坚固。集料-高强基体和钢纤维-高强基体的双重空间叠加效应，大幅地提高了混凝土的强度和韧度。

3. 应变率的影响

从试验结果来看，随着应变率增大，材料强度提高，韧性降低，应变率从 $10^{-4}\,\mathrm{s}^{-1}$ 增大到 $10^{-2}\,\mathrm{s}^{-1}$，强度增加为 10% 左右，压缩韧度指数 η_{c30} 下降 10%～40%，对于同基体强度的 SFRC，V_f 越大，压缩韧度指数下降幅度越小。这是应变率硬化效应，即随着变形速率的提高，应力相应提高，脆性增大，而钢纤维的阻裂增韧作用缓解了应变率提高对韧性的降低程度。该结果与前人的研究基本一致[213,214]。

4. 试验机刚度的影响

试验机刚度影响的是材料受压应力-应变曲线下降段,以及由此计算出的压缩韧度指数,而不是材料本身所固有的韧性。

如图 3.26 所示,刚度是指其本身荷载-变形(N_m-Δ_m)加卸载曲线某点的斜率。试验机的刚度 K_m 与混凝土试块的刚度 K_c 如式(3.6)、式(3.7)所示:

$$K_m = \frac{dN_m}{d\Delta_m} \tag{3.6}$$

$$K_c = \frac{dN_c}{d\Delta_c} = \frac{A^* \cdot d\sigma_c}{H \cdot d\epsilon} = \frac{A^*}{H} E_c \tag{3.7}$$

式中,A^* 和 H 分别为试块的横截面面积(mm^2)和高度(mm);E_c 为混凝土的切线弹性模量(GPa)。

当试验机对试块施加压力时,在应力-应变曲线的上升段,试块受压而缩短,试验机架则受拉伸长,此时由试验机油缸内进油、活塞下移而满足变形协调条件,因此试验中总能稳定地测到应力-应变曲线的上升段。但是,当试块达到最大承载力,曲线进入下降段后,其残余承载力不断减小,而压缩变形继续增大;同时,试验机架却因受力减小而发生恢复变形(缩短)。如果压力减小 dN,试块应有的压缩变形 $d\Delta_c$ 小于试验机的恢复变形 $d\Delta_m$ 时,试块会受试验机的冲击作用而急速破坏,所得的不规则应力-应变曲线难以反映混凝土的真实性能。只有当试验机的卸载刚度(绝对值)不小于试块应力-应变曲线下降段的最大刚度(绝对值),即试验机回弹变形小于试块的压缩变形时,其变形差由油缸内进油、活塞下移所补足。试块将缓慢地发生破坏,获得稳定发展的应力-应变曲线下降段。

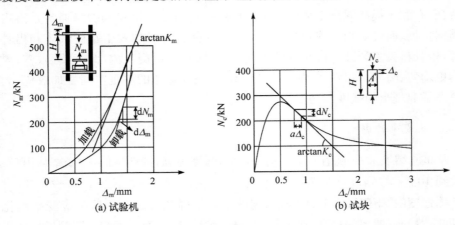

图 3.26　试验机和混凝土试块的荷载-变形曲线[185]

通常伺服阀控制刚性试验机的刚度为 $1000 \sim 8000 \mathrm{kN/mm}$[215~217]，有的可达 $10000 \mathrm{kN/mm}$ 以上（MTS-315 系列）[218]。本次试验采用的试验机的刚度约为 $1500 \mathrm{kN/mm}$，与 C100 系列混凝土试块的刚度相近。从图 3.7～图 3.18 可以看出，$C100V_0$ 和 $RPC200V_0$ 曲线的下降段受到影响较大，试块上未装电子引伸计则只能测出上升段；$C40V_0$ 曲线的下降段受到影响很小。试块上即使不加装电子引伸计，也可测出曲线下降段。因此，根据应力-应变曲线计算出的 $C100V_0$ 和 $RPC200V_0$ 压缩韧度指数可能偏小。

钢纤维在一定程度上缓解了试验机刚度对测试结果的影响。由于试验机刚度有限，伺服阀的反应和油路系统的控制有一定时差，混凝土在加载过程中积蓄了大量的弹性应变能，无钢纤维的试块达到最大承载能力后，试验机机头回弹冲击引起试块迅速破坏，应力-应变曲线下降段很短，而 SFRC 试块在峰值应力后，由于裂缝的扩展受到钢纤维的阻滞，试块内部积蓄能量的释放受到缓冲，因此测出了较完整的曲线下降段，而且 V_f 越大，下降段越平缓，曲线尾端应变值越大，应力-应变曲线受试验机刚度影响越小，也就越接近实际。

3.4.3　弹性模量与泊松比的影响因素分析

由表 3.2 可以看出，各同基体材料弹性模量随轴心抗压强度的提高而缓慢增加，该现象与前人研究结果相同[219~222]。另外，C40 系列 SFRC 弹性模量值大于现行规范值[165]。混凝土是非均质多相材料，骨料、胶凝体以及界面特性对其弹性模量影响很大。从粗骨料看，本试验的 C40 与 C100 系列 SFRC 均采用玄武岩碎石，其表观密度为 $2991 \mathrm{kg/m^3}$，抗压强度为 230MPa，弹性模量为 $10 \sim 14 \mathrm{GPa}$，粗骨料物理力学指标均大于常用的砂石、砾石等普通石子[223]。从胶凝体与界面特性来看，C100 系列 SFRC 中掺了粉煤灰和硅灰，RPC200 中掺了超细粉煤灰、硅灰和磨细矿渣，这些外掺料不同程度地发挥了形态效应、微集料效应与活性效应，致密了基体结构、细化与微化了孔隙，基体与粗骨料界面黏结力强（对 C100），因此这种系列的混凝土具有较高的弹性模量，而钢纤维的加入，起到阻裂与约束侧向膨胀的作用，在一定程度上又提高了 SFRC 的弹性模量。

从图 3.7～3.18 可以看出，在 $10^{-4} \mathrm{s^{-1}}$ 和 $10^{-2} \mathrm{s^{-1}}$ 两种应变率加载时，混凝土峰值应力和相应的应变均有不同程度的增加，但上升段曲线相似，弹性模量基本上保持不变。该现象与一些已有研究相同[224~226]，即混凝土准静态受压时弹性模量的应变率敏感性不明显。

表 3.2 所示泊松比为本试验测出的各组材料多个试块的平均值。试验数据表明，同基体材料的泊松比随纤维体积率的提高而略有减小。原因在于纤维约束了试块侧向膨胀，减小了试块的横向应变。中国铁道科学研究院曾测定过两组强度

为 63.9MPa 和 102.0MPa 的混凝土,得到泊松比分别为 0.22 和 0.23,ACI 363 高强混凝土委员会报道的强度为 55～80MPa 的混凝土的试验结果为 0.20～0.28[227],本试验同强度混凝土的泊松比数值比前者稍大,比后者偏小。

Bonneau 等[228]、Staquet 和 Espion[229]通过试验测出 RPC 的弹性模量为 55～60GPa,泊松比为 0.19,与本节结果比较相近。

3.4.4　聚丙烯纤维-钢纤维复合增强和增韧效果

$C100V_{2+PPF}$ 和 $C100V_2$ 的轴心抗压强度很接近,但前者韧度比后者提高了不少。当应变率为 $10^{-4}s^{-1}$、$10^{-2}s^{-1}$ 时,$C100V_{2+PPF}$ 压缩韧度指数 η_{c30} 分别比 $C100V_2$ 提高 32.41%、77.75%。这与第 2 章的弯曲韧度指数测试结果类似,其原因也可以从三个方面来解释:第一,聚丙烯纤维对混凝土早期塑性收缩起到较强的控制作用,减少了早期裂缝的数量,减小了早期裂缝的尺度。聚丙烯纤维-钢纤维混凝土初始缺陷较少,从而材料能承受更高的荷载,破坏过程也更长,因此其强度与韧性会有所增加。第二,$C100V_{2+PPF}$ 纤维数量多、间距小,钢纤维与聚丙烯纤维缠绕在一起,致使纤维和基体之间除存在黏结力外,还存在"纤维联锁"而产生的机械咬合力,使裂缝间的纤维更难以从混凝土基体中拔出,阻裂能力更高。第三,$C100V_{2+PPF}$ 集中了两种纤维不同的耗能优势,不仅钢纤维阻裂,而且聚丙烯纤维的阻裂潜能也得到了充分发挥,使材料呈现出良好的韧性。

3.5　钢纤维混凝土单轴受压应力-应变曲线方程

3.5.1　应力-应变曲线的特点分析

从图 3.7～图 3.18 可以看出,SFRC 应力-应变曲线的特点:曲线上升段斜率单调下降,在峰值应力点,曲线斜率降为 0,曲线下降段,先出现一个拐点,接着出现曲率最大点,然后曲线趋于平缓。简便起见,采用无量纲坐标,令 $x=\varepsilon/\varepsilon_0$、$y=\sigma/f_c$,如图 3.27 所示,根据前述特点并参照文献[185],该曲线应满足以下条件:

(1) 当 $x=0$ 时,$y=0$。

(2) 当 $x=1$ 时,$y=1$,且 $dy/dx=0$。

(3) 当 $0<x<1$ 时,$d^2y/dx^2<0$,即曲线上升段斜率单调减小,无拐点。

(4) 当 $d^2y/dx^2=0$ 时 $x_D>1$,即曲线下降段有一拐点。

(5) 当 $d^3y/dx^3=0$ 时,$x_E>x_D$,即存在曲率最大点,且出现在拐点之后。

(6) 当 $x\to+\infty$ 时,$y=0$,且 $dy/dx=0$。

(7) x 恒大于 0,$0\leqslant y\leqslant 1$。

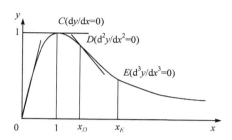

图 3.27　SFRC 单轴压缩应力-应变曲线

3.5.2　曲线方程的数学推导

基于上述特点,曲线方程采用如下形式:

$$y = \frac{B_1 x + C_1 x^2}{A_2 + B_2 x + C_2 x^2} \tag{3.8}$$

式中,B_1、C_1、A_2、B_2、C_2 为待定参数。

1. 曲线上升段

显然,式(3.8)满足条件(1)。

将条件(2)"当 $x=1$ 时,$y=1$"代入式(3.8),可得

$$B_1 + C_1 = A_2 + B_2 + C_2 \tag{3.9}$$

对式(3.8)求导数:

$$\frac{\mathrm{d}y}{\mathrm{d}x} = \frac{(B_1 + 2C_1)(A_2 + B_2 x + C_2 x^2) - (B_1 x + C_1 x^2)(B_2 + 2C_2)}{(A_2 + B_2 x + C_2 x^2)^2} \tag{3.10}$$

将条件(2)"当 $x=1$ 时,$\mathrm{d}y/\mathrm{d}x=0$"代入(3.10)可得

$$(B_1 + 2C_1)(A_2 + B_2 + C_2) - (B_1 + C_1)(B_2 + 2C_2) = 0 \tag{3.11}$$

由式(3.9)可知,$B_1 = A_2 + B_2 + C_2 - C_1$,将其代入式(3.11),可得

$$A_2^2 + A_2 B_2 - B_2 C_2 - C_2^2 + C_1 A_2 + C_1 B_2 + C_1 C_2 = 0$$

即

$$(A_2 + B_2 + C_2)(A_2 + C_1 - C_2) = 0$$

如果 $A_2 + B_2 + C_2 = 0$,则会导致条件(2)"当 $x=1$ 时,$y=1$"不成立,故只有 $A_2 + C_1 - C_2 = 0$,同时结合式(3.9)可得

$$C_1 = C_2 - A_2, \quad B_1 = 2A_2 + B_2 \tag{3.12}$$

将式(3.12)代入式(3.8)并令 $2 + B_2/A_2 = A$,$C_2/A_2 - 1 = M$,则式(3.8)变为

$$y = \frac{Ax + Mx^2}{1 + (A-2)x + (M+1)x^2} \tag{3.13}$$

对其求导数：

$$\frac{\mathrm{d}y}{\mathrm{d}x}=\frac{-(A+2M)x^2+2Mx+A}{(1+Ax-2x+Mx^2+x^2)^2} \tag{3.14}$$

$$\frac{\mathrm{d}^2y}{\mathrm{d}x^2}=\frac{(2x^3-3x^2)M^2+[(A+2)x^3-3x^2-3Ax+1]M+2A-A^2-3Ax+Ax^3}{[(M+1)x^2+(A-2)x+1]^3}$$
$$\tag{3.15}$$

由式(3.14)得

$$\left.\frac{\mathrm{d}y}{\mathrm{d}x}\right|_{x=0}=A \tag{3.16}$$

根据 $x=\varepsilon/\varepsilon_0$、$y=\sigma/f_c$，有

$$\left.\frac{\mathrm{d}y}{\mathrm{d}x}\right|_{x=0}=\left.\frac{\mathrm{d}\sigma/f_c}{\mathrm{d}\varepsilon/\varepsilon_0}\right|_{x=0}=\frac{E_c}{E_0}$$

式中，E_c、E_0 分别为弹性模量和割线模量，显然，$\dfrac{E_0}{E_c}>1$，结合式(3.16)，便有 $A=\dfrac{E_0}{E_c}>1$。

为了满足条件(3)：当 $0<x<1$ 时，$\mathrm{d}^2y/\mathrm{d}x^2<0$，对式(3.15)进行如下处理：

若 $M=-1$，则式(3.15)变为

$$\frac{\mathrm{d}^2y}{\mathrm{d}x^2}=\frac{2A-A^2-1}{(Ax-2x+1)^3}=\frac{(A-1)^2}{(Ax-2x+1)^3}$$

由于 $A>1$，故当 $0<x<1$ 时，$\dfrac{\mathrm{d}^2y}{\mathrm{d}x^2}=-\dfrac{(A-1)^2}{(Ax-2x+1)^3}<0$ 成立。因此，为了满足条件(3)，可取 $M=-1$，于是，式(3.13)变为

$$y=\frac{Ax-x^2}{1+(A-2)x},\quad 0<x<1 \tag{3.17}$$

而当 $x=0$ 与 $x=1$ 时，式(3.17)也满足应力-应变曲线的上升段，故曲线上升段方程可写为

$$y=\frac{Ax-x^2}{1+(A-2)x},\quad 0\leqslant x\leqslant1 \tag{3.18}$$

显然，式(3.18)还满足曲线上升段条件(7)。

2. 曲线下降段

仍针对式(3.8)，将条件(2)"当 $x=1$ 时，$y=1$"代入式(3.8)，仍可得式(3.9)，即 $B_1+C_1=A_2+B_2+C_2$。由条件(6)"当 $x\rightarrow+\infty$ 时，$y=0$"可得 $C_1=0$，并且 $C_2\neq0$。则式(3.12)变为

$$A_2=C_2,\quad B_1=B_2+2A_2 \tag{3.19}$$

将式(3.19)与 $C_1=0$ 代入式(3.8)并令 $2+B_2/A_2=B$，得

$$y = \frac{Bx}{1+(B-2)x+x^2}, \quad x>1 \tag{3.20}$$

为了确保条件(7)成立，约定 $B>0$。

对式(3.20)求二阶与三阶导数：

$$\frac{d^2 y}{dx^2} = \frac{2B(2-B-3x+x^3)}{[1-(2-B)x+x^2]^3} \tag{3.21}$$

$$\frac{d^3 y}{dx^3} = \frac{-6B[x^4-6x^2+(8-4B)x-B^2+4B-3]}{[1-(2-B)x+x^2]^4} \tag{3.22}$$

对于条件(4)证明如下：

满足 $d^2 y/dx^2=0$ 时的横坐标值为 x_D，要求证明 $x_D>1$。

由(3.21)知，$d^2 y/dx^2=0$，即 $-B+2-3x+x^3=0$，设一函数

$$f(x)=x^3-3x+2-B \tag{3.23}$$

易知 $f(x)$ 为增函数，对其求一阶与二阶导数：

$$f'(x)=3x^2-3 \tag{3.24}$$

$$f''(x)=6x \tag{3.25}$$

当 $x=1$ 时，$f'(x)=0$，$f''(x)>0$，也就是 $x=1$ 时，$f(x)$ 有最小值 $f(1)=-B<0$，而当 $x\to\infty$ 时，$f(x)>0$，因此函数 $f(x)$ 在点 $(1,0)$ 之右与 x 轴的有一个交点，即点 $(x_D,0)$，从而证明了条件(4)：当 $d^2 y/dx^2=0$ 时，$x_D>1$。

对于条件(5)证明如下：

满足 $d^3 y/dx^3=0$ 时的横坐标值为 x_E，要求证明 $x_E>x_D$。

由式(3.22)可知，$d^3 y/dx^3=0$，即 $x^4-6x^2+(8-4B)x-B^2+4B-3=0$，设一函数

$$g(x)=x^4-6x^2+(8-4B)x-B^2+4B-3 \tag{3.26}$$

显然，当 $x>0$ 时，$g(x)$ 是增函数。

由 x_D 是 $f(x)=x^3-3x+2-B$ 与 x 轴的交点可知

$$x_D^3-3x_D+2-B=0$$

即

$$B=x_D^3-3x_D+2$$

因为 $x_D>1$，那么

$$\begin{aligned}
g(x_D) &= x_D^4-6x_D^2+(8-4B)x_D-B^2+4B-3 \\
&= x_D^4-6x_D^2+[8-4(x_D^3-3x_D+2)]x_D-(x_D^3-3x_D+2)^2 \\
&\quad +4(x_D^3-3x_D+2)-3 \\
&= -(x_D^2-1)^3 < 0
\end{aligned}$$

而当 $x\to+\infty$ 时，$g(x)>0$，因此函数 $g(x)$ 在点 $(x_D,0)$ 之右与 x 轴有一个交点，即点 $(x_E,0)$，从而证明了条件(5)：当 $d^3 y/dx^3=0$ 时，$x_E>x_D$。

综合上述可知,当 $x>0$ 时,式(3.20)可作为曲线的下降段方程。

由式(3.18)和式(3.20)生成的曲线如图 3.28 所示,结合本节推导的曲线方程,从图中可以看出 A、B 明确的物理意义。A 值越大,即 E_0/E_c 越大,f_c 与弹性极限应力的差值越大,如果对照 SFRC 的应力-应变曲线,则说明峰值应力与初裂应力的差值越大;反之,A 值越小,材料的线弹性段越长,当 $A=1$ 时,材料受压时的应力-应变呈现完全线性关系。B 值越大,曲线下降段越平缓,当 B 值无穷大时,峰值后的曲线为经过峰值点向右延伸的水平线,即材料呈现完全塑性,当 $B=0$ 时,峰值后的曲线为经过峰值点向下的竖直线,即材料在压应力超过其抗压强度后的剩余强度为 0,呈现完全脆性。

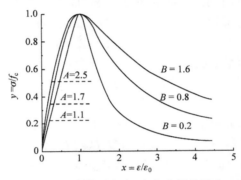

图 3.28　参数对应力-应变曲线的影响

3.5.3　曲线方程参数的确定

对 SFRC 单轴受压应力-应变曲线进行非线性回归,得到的参数 A、B 及相关系数见表 3.3。从表中数据可知,A 和 B 都随着 V_f 的增大而增加,可见 A 和 B 能够反映 V_f 对 SFRC 峰值荷载前增强、增韧与峰值荷载后增韧的影响。从表 3.3 可看出,A 的相关系数都大于 0.99,说明式(3.18)理论值与实测曲线上升段符合良好,B 的相关系数分布在 0.9～0.999,这主要是因为下降段受试验机刚度影响,导致式(3.20)理论值与实测曲线下降段的一致性稍弱。

表 3.3　SFRC 单轴受压应力-应变曲线方程参数

编号	应变率=$10^{-4}\mathrm{s}^{-1}$				应变率=$10^{-2}\mathrm{s}^{-1}$			
	A	A 相关系数	B	B 相关系数	A	A 相关系数	B	B 相关系数
$C40V_0$	1.4954	0.9989	0.2513	0.9284	1.4086	0.9956	0.2247	0.9861
$C40V_1$	1.5204	0.9972	0.3848	0.9981	1.4157	0.9957	0.3334	0.9984
$C40V_2$	1.6521	0.9979	0.4105	0.9811	1.5495	0.9986	0.3658	0.9876
$C40V_3$	1.7532	0.9985	0.5358	0.9696	1.6601	0.9988	0.4883	0.9561
$C100V_0$	1.0412	0.9999	0.4984	0.9992	1.0475	0.9998	0.4459	0.9936

续表

编号	应变率＝10^{-4} s^{-1}				应变率＝10^{-2} s^{-1}			
	A	A 相关系数	B	B 相关系数	A	A 相关系数	B	B 相关系数
C100V$_1$	1.0642	0.9999	0.6142	0.9597	1.0415	0.9999	0.5735	0.9934
C100V$_2$	1.0858	0.9997	0.7385	0.9819	1.1172	0.9997	0.6833	0.9845
C100V$_{2+PPF}$	1.1121	0.9988	0.7396	0.9740	1.2044	0.9989	0.7048	0.9841
C100V$_3$	1.2326	0.9990	0.9353	0.9007	1.2751	0.9991	0.8769	0.9913
RPC200V$_0$	1.0859	0.9999	0.9351	0.9989	1.0577	0.9998	0.8895	0.9715
RPC200V$_3$	1.1864	0.9986	1.3502	0.9298	1.1676	0.9989	1.0897	0.9663
RPC200V$_4$	1.1962	0.9984	1.4509	0.9801	1.2047	0.9992	1.3443	0.9722

3.6　小　　结

（1）从单轴压缩试块的破坏过程来看，在峰值荷载前，各系列 SFRC 试块的损伤发展、破坏形态和过程基本相近，达到峰值荷载后，C40、C100 与 RPC200 基体呈脆性破坏，SFRC 试块呈韧性破坏，V_f 越大，钢纤维阻裂增韧效果越显著，试块裂而不散，韧性破坏特征越明显。从最终破坏形态看，混凝土基体为柱状压坏，C40 系列 SFRC 主要为剪切破坏，C100 系列 SFRC 主要为剪切破坏与劈裂破坏，RPC200V$_3$ 与 RPC200V$_4$ 则都为劈裂破坏。

（2）随着 V_f 的提高，SFRC 强度、韧性呈递增趋势。C100 系列 SFRC 与 RPC200 的强度和韧度提高率比 C40 系列 SFRC 大。当应变率为 10^{-4} s^{-1} 时，C100V$_1$、C100V$_2$、C100V$_3$ 的轴心抗压强度分别较 C100V$_0$ 提高了 12.96%、30.73%、42.08%，η_{c30} 平均值分别提高了 1.63 倍、1.91 倍、4.99 倍；RPC200V$_3$、RPC200V$_4$ 的轴心抗压强度平均值分别较 RPCV$_0$ 提高了 29.88%、42.32%，η_{c30} 平均值分别提高了 3.86 倍、5.39 倍；但 C40 系列 SFRC 轴心抗压强度与 η_{c30} 平均值提高幅度较小，C40V$_1$、C40V$_2$、C40V$_3$ 的轴心抗压强度分别较 C40V$_0$ 提高了 5.41%、9.23%、12.84%，η_{c30} 平均值分别提高了 0.17 倍、0.48 倍、0.74 倍。

（3）含矿物外掺料的混凝土内部界面区更致密，界面结构也更加均匀。集料-高强基体和钢纤维-高强基体的双重空间叠加效应，优势互补、功效复合、大幅地提高了混凝土的强度和韧度。

（4）随着应变率增大，材料强度提高，韧性降低，应变率从 10^{-4} s^{-1} 增大到 10^{-2} s^{-1}，同基体的 SFRC 强度增加为 10% 左右，压缩韧度指数 η_{c30} 下降 10%～40%，V_f 越大，压缩韧度指数下降幅度越小。

（5）试验机刚度影响的是材料受压应力-应变曲线下降段，以及由此计算出的压缩韧度指数,而不是材料本身所固有的韧性。$C100V_0$ 和 $RPC200V_0$ 曲线的下降段受影响较大,$C40V_0$ 曲线的下降段受影响较小。钢纤维在一定程度上缓解了试验机刚度对测试结果的影响。V_f 越大,应力-应变曲线受试验机刚度影响越小,测试结果就越接近实际。

(6) 在准静态条件下,弹性模量和泊松比是不敏感的材料性能参数。同基体材料弹性模量随抗压强度的提高而缓慢增加,在 $10^{-4}s^{-1}$ 和 $10^{-2}s^{-1}$ 两种应变率加载时,混凝土峰值应力和相应的应变均有不同程度的增加,但上升段曲线的弹性段近似重合,弹性模量基本上保持不变。同基体材料的泊松比随 V_f 的提高而略有减小。

(7) 聚丙烯纤维-钢纤维混杂增韧效果良好,$C100V_{2+PPF}$ 和 $C100V_2$ 的轴心抗压强度虽然很接近,但前者韧度比后者有提高。当应变率为 $10^{-4}s^{-1}$、$10^{-2}s^{-1}$ 时,$C100V_{2+PPF}$ 压缩韧度指数 η_{c30} 分别比 $C100V_2$ 提高 32.41%、77.75%。

(8) 本章提出的式(3.18)与式(3.20)分别满足 SFRC 单轴压缩应力-应变曲线上升段与下降段的全部特点,能够准确拟合试验曲线。方程参数 A、B 有明确的物理意义。A 值越大,即 E_0/E_c 越大,f_c 与弹性极限应力的差值越大,如果对照 SFRC 的应力-应变曲线,则说明峰值应力与初裂应力的差值越大;B 值越大,曲线下降段越平缓,材料韧性越好。对实测应力-应变曲线拟合表明,A 和 B 都随着 V_f 的增加而增加,反映出 V_f 对 SFRC 峰值荷载前的增强、增韧和峰值荷载后的增韧影响,符合该材料单轴压缩过程中的应力-应变的主要特征。可见式(3.18)与式(3.20)是适合 SFRC 的单轴压缩本构方程。

第4章 钢纤维混凝土抗冲击压缩特性

4.1 概 述

4.1.1 钢纤维混凝土动态本构关系的重要性

对材料抗冲击、抗爆炸问题的研究离不开材料特性,如动态抗压强度、本构方程、破坏准则,对材料特性研究得越准确,与防护工程有关的计算结果就越符合实际,工程设计才能够更加合理。

按照规范《钢纤维混凝土试验方法》(CECS 13:89)[168],进行 SFRC 抗压强度的测定,当试块强度低于 30MPa 时,其加载速度为 0.3~0.5MPa/s,当试块强度等于或高于 30MPa 时,其加载速度为 0.5~0.8MPa/s。按此规定,对于 C100 系列 SFRC,当 $V_f = 0 \sim 3\%$ 时,全过程压缩加载时间为 200~300s,最大应变值为 0.002~0.018,其应变率为 $6 \times 10^{-6} \sim 6 \times 10^{-5} \mathrm{s}^{-1}$,这是典型的静态荷载应变率。化学爆炸的加载时间在 $1 \times 10^{-4} \mathrm{s}^{-1}$ 量级,相应的应变率约为 $30 \mathrm{s}^{-1}$[33,37],核爆炸应变率为 $25 \times 10^{-3} \sim 400 \times 10^{-3} \mathrm{s}^{-1}$,飞机撞击的应变率为 0.05~2$\mathrm{s}^{-1}$[230],混凝土受到高速侵彻时的应变率在 $10^4 \mathrm{s}^{-1}$ 以上[231],美国 Sandia 国家实验室采用三级轻气炮研究 Ti6-Al-4V 材料超高压状态方程参数,飞片速度达到了 11~16km/s 的超高速[232,233],其对应的应变率可能是目前最高的。

对弹体冲击与爆炸这种强冲击问题,动荷载的特征时间远小于结构的响应时间,而且荷载强度很高,结构的整体响应与局部变形相比处于次要地位。研究者更关心的是冲击影响区域的局部性动态响应,即物体中弹后应力波的传播问题,而材料在这种短历时、高脉冲的荷载作用下,产生比常规试验高几个量级的高应变率变形。研究表明[234~236],混凝土的应变率效应比一般金属更加敏感,其静、动荷载下的力学行为不同,原有常规静态试验提供的力学参数将不再适用,必须计及应变率相关性的影响。

SFRC 具有良好的抗冲击与抗爆性能,近年来已引起国内外学者的关注[237~240],但在防护工程设计时,仍然较多采用经验公式或半经验半理论公式。问题在于:经验公式考虑的因素随研究者的主观愿望各有侧重,难免漏掉重要的影响因素,加之受试验条件的限制,其原始数据的弹体种类或混凝土种类不多,即使其采用的弹体与混凝土种类较多,也只能反映当时的武器与混凝土技术水平,在军事科学与材料科学日新月异的 21 世纪,新武器和新材料不一定与 20 世纪出现的经验或半经验公式仍相适应[241~244]。另外,防护工程界所熟知的空腔膨胀理论[245],是将物体在半无限介质中的侵入用介质中的空腔模型来模拟,其理论要点是根据一维球形或柱形空腔膨胀过程中弹性波的传播和介质压缩的解析结果,获得靶体阻力与空腔膨胀之间的关系,将此关系应用于弹体侵入过程来求出弹体侵入规律,但弹性应力波传播与介质压缩之间的关系还是离不开靶体材料的本构方程,也就是说,为了求弹体侵彻钢纤维混凝土方程的解析解,还要与本构方程联立起来,因此如果要提高基于空腔膨胀理论的半经验半理论公式的准确性,必须建立与材料性能相符合的本构方程。

为了供采用 SFRC 的防护工程安全设计参考,本章采用 SHPB 试验装置对 C40 系列、C100 系列、RPC200 系列 SFRC 进行冲击压缩试验,以研究其动态本构关系。

4.1.2　应力波在不同介质界面上的反射和透射

在进行 SHPB 冲击试验之前,必须对应力波理论有所了解。当物体的局部位置受到冲击时,物体内质点的扰动会向周围地区传播开去,这种现象称为应力波的传播。固体中的应力波通常分为纵波和横波两大类。纵波包括压缩波和拉伸波。质点运动方向和波的传播方向一致的为压缩波,质点运动方向和波的传播方向相反的为拉伸波。质点运动方向和波的传播方向垂直的则称为横波,如扭转波。

SHPB 试验时,金属杆撞击试块是不同波阻抗的两个物体相撞,涉及应力波的反射和透射,其中,波阻抗是指物质密度与波在该物质中速度的乘积。在图 4.1 中,以弹性波为例来说明应力波在介质中的反射和透射现象。

设弹性波从一种介质(有关各量都用下标 1 表示)传播到另一种波阻抗不同的介质(有关各量都用下标 2 表示),传播方向垂直于界面,即讨论正入射的情况。当弹性波到达界面时,无论对于第一种介质还是对于第二种介质,都会引起一个扰动,分别向两种介质中传播,此即反射和透射波(图 4.1)。只要这两种介质在界面处始终保持接触,则根据连续条件和牛顿第三定律,界面上两侧质点速度 u 相等,应力 σ 相等:

$$u_I + u_R = u_T \tag{4.1}$$

$$\sigma_I + \sigma_R = \sigma_T \tag{4.2}$$

式中,下标 I、R 和 T 分别表示与入射波、反射波和透射波有关的量。由波阵面动量守恒条件:

$$[\sigma] = -\rho_0 C'[u] \tag{4.3}$$

式中,C' 为波速。式(4.3)代入式(4.1),并考虑入射波与反射波传播方向相反,可得

$$\frac{\sigma_I}{(\rho_0 C_0)_1} - \frac{\sigma_R}{(\rho_0 C_0)_1} = \frac{\sigma_T}{(\rho_0 C_0)_2} \tag{4.4}$$

式中，ρ_0 为物质密度；C_0 为波在物质中的速度。

式(4.2)与式(4.4)联立求解可得

$$\sigma_R = F' \sigma_I, \quad u_R = -F' u_I \tag{4.5}$$

$$\sigma_T = T' \sigma_I, \quad u_T = n u_I \tag{4.6}$$

式中

$$n = \frac{(\rho_0 C_0)_1}{(\rho_0 C_0)_2}, \quad F' = \frac{1-n}{1+n}, \quad T' = \frac{2}{1+n} \tag{4.7}$$

F' 和 T' 分别称为反射系数和透射系数，完全由两种介质的波阻抗比值 n 所确定，由(4.7)显然可知，$1 + F' = T'$。

以上结果在图 4.1 中 (σ, u) 平面上，由经点 1 的第一种介质的右行 σ-u 特征线 1-2 和经 0 点的第二介质的左行 σ-u 特征线 0-2，这两者的交点(点 2)来确定介质界面上的状态。

T' 恒为正值，所以透射波和入射波总是同号。F' 的正负取决于两种介质波阻抗的相对大小。现分两种情况来讨论：

（1）如果 $n < 1$，即 $(\rho_0 C_0)_1 < (\rho_0 C_0)_2$，则 $F' > 0$。这时，反射波的应力和入射波的应力同号，而透射波从应力幅值上来说强于入射波（$T' > 1$）。这是应力波由"软"材料传入"硬"材料时的情况，如图 4.1(a)所示。

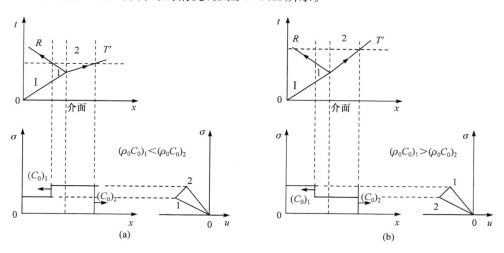

图 4.1　应力波在不同介质界面上的反射与透射

在特殊情况下，当 $(\rho_0 C_0)_2 \to +\infty$，也就是 $n \to 0$ 时，$T' = 2$，$F' = 1$。相当于波在刚壁(固定端)的反射，此时反射的应力和入射时的相同，杆端总应力加倍，而质点速度为 0,保持初始状态的位移为 0 的固定端边界条件。

(2) 如果 $n>1$,即$(\rho_0 C_0)_1>(\rho_0 C_0)_2$,则 $F'<0$。这时,反射波的应力和入射波的应力同号,而透射波从应力幅值上来说弱于入射波($T'<1$)。这是应力波由"硬"材料传入"软"材料时的情况,如图 4.1(b)所示。

在特殊情况下,当$(\rho_0 C_0)_2\to 0$,也就是 $n\to+\infty$ 时,相当于波在自由表面(自由端)的反射。此时,$T'=0,F'=-1$。如果入射波为压缩波,则在自由端面反射成等强度的拉伸波,杆端的总应力 $\sigma_I+\sigma_R=0$,满足自由端的边界条件。

4.1.3　SHPB 装置及其在混凝土材料中的应用现状

1914 年,Hopkinson 提出了压杆技术[246],利用压力脉冲在压杆的自由端面反射时变为拉伸脉冲这一性质来测定和研究炸药爆炸或子弹射击杆端时的压力-时间关系。如图 4.2(a)所示,压杆的主体是一圆柱形弹性钢杆,用线水平悬挂以允许在垂直面内摆动。压杆的一端为打击端,承受炸药爆炸或子弹打击所造成的瞬变压力,另一端接测时器,压杆和测时器的接触端面都磨得很平,涂以机油相衔接,几乎不能承受拉力,当压力脉冲在测时器自由端面反射为拉伸脉冲,并当入射压力脉冲与反射拉伸脉冲相叠加后而在衔接面出现净拉应力时,测时器将带着陷入其中的动量飞离。测时器的动量可由接受测时器的弹道摆来测得,而留在杆内的动量可由杆的摆动振幅来确定。测时器长度不同,得到的动量则不同,而动量又对应于压力时程曲线下的面积,因此采用一系列不同长度的测时器,就能近似求出压力脉冲的波形。

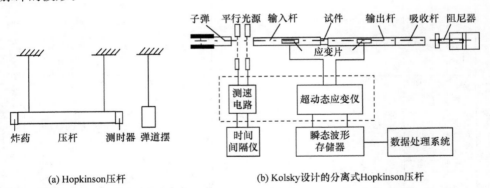

(a) Hopkinson压杆　　　　　　(b) Kolsky设计的分离式Hopkinson压杆

图 4.2　SHPB 冲击试验装置示意图

Hopkinson 压杆使用中的限制条件是:所测压力脉冲的峰值不得超过压杆材料的屈服值,脉冲长度也必须比压杆直径大得多。另外,通过测量不同长度测时器的动量所确定的脉冲波形不如直接测量 $\sigma\text{-}t$ 关系精确方便。1949 年,Kolsky 提出分离式压杆方案[247],即 SHPB,如图 4.2(b)所示,将短试块置于两根压杆之间,通过加速的质量块、短杆撞击或炸药爆轰产生加速脉冲,用压杆径向表面上的传感器测出加在试块上的荷载,直接得出 σ-t 关系,它具有以下优点:

(1)测量方法巧妙。在冲击荷载条件下确定材料的应力-应变关系通常需要在试块的同一位置同时测量随时间变化的应力和应变,但实现起来比较困难,而 SHPB 试验避开了这一难题,通过测两根压杆上的应变来推导试块材料的应力-应变关系,这是间接而简单的方法。

(2)应变率范围广。可用于 $10\sim10^4\,\mathrm{s}^{-1}$ 的应变率范围,包括金属、高分子聚合物等许多材料流动应力随应变率变化发生转折的应变率,由此可联合准静态试验结果来建立材料准静态、低、中、高应变率范围内的应力-应变关系。

(3)加载波形容易测量和控制。在冲击条件下,荷载性质不同于准静态,主要表现为荷载的不确定性,作用于物体的冲击荷载不仅取决于加载方式,而且取决于受载物体本身的力学性能及其几何形状,然而,SHPB 装置利用输入杆可直接测得入射脉冲和反射脉冲,两者之差即为作用于试块上的冲击荷载,另外,改变子弹长度与子弹的撞击速度,即可调节入射脉冲波形,从而也调节了作用于试块上的波形。

经过近 100 年的演变,SHPB 已比较成熟。利用 SHPB 装置可以方便地记录加载脉冲的应力-应变、应力-时间、应变率-时间的动态曲线,研究应变率敏感材料的动态特性与应变率历史。SHPB 对象也从金属、高分子聚合物等内部组织很均匀的可塑性材料发展到混凝土等内部组分复杂,均匀性差的材料。

20 世纪 80 年代末,Ross 采用杆径为 51mm 的 SHPB 装置测试了细粒混凝土和水泥砂浆的动态力学性能[248]。90 年代,Pullen 等将 SHPB 装置杆径增大至 76mm[249],对普通混凝土进行了冲击压缩试验,其中 Pullen 测试的应变率达 $10^3\,\mathrm{s}^{-1}$,Peters 建立了杆径为 100mm 的 SHPB 装置[250],Albertini 等建成的 200mm×200mm 的束型 SHPB 装置[251]。目前我国广州大学等单位拥有 100mm 大直径的 SHPB 装置。

4.2　冲击压缩试验设备、测试与计算方法

4.2.1　SHPB 装置及试验原理简介

本节冲击试验采用变截面 SHPB 装置,如图 4.3 所示。子弹、入射杆、透射杆、缓冲杆均为 A3 钢,子弹和入射杆小端尺寸为 37mm,入射杆大端、透射杆与缓冲杆直径为 74mm,子弹长度为 300mm、400mm、500mm 三种,入射杆总长 2.8m,透射杆长 2m。半导体应变片贴在入射杆及透射杆中部,且与试块等距离布置。

(a) SHPB装置全貌

(b) 发射装置与入射杆的局部　　　(c) 入射杆和透射杆之间的试块

(d) 数据处理系统

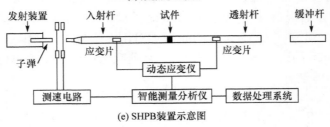

(e) SHPB装置示意图

图 4.3　SHPB装置

　　测速系统由一对平行光源和测速电路组成,主要测量子弹经过平行光源之间的时间,从而得到了子弹速度。应变信号采测装置由半导体应变片、动态应变仪(放大电路)和智能测量分析仪组成,其功能是将杆中的应变信号转换成电信号存储下来,供计算机进行各种后处理。

　　试验装置的工作原理为:高压气体推动膛腔中的子弹撞击入射杆,在杆内产生一维应力波脉冲对短试块加载,该应力脉冲传至试块时,在试块的两端面间产生多次反射,并使试块变形均匀化。输入的应力波,一部分通过试块传到输出杆(即透射波),另一部分则反射回来,信号又为输入杆上的应变片所采集。在试验过程中,输入杆与输出杆始终处于弹性范围,因此试块所受的平均应变、平均应力及平均应变率可分别从粘贴于两杆上的应变片所采集的入射波产生的应变 $\varepsilon_I(t)$、反射波产生的应变 $\varepsilon_R(t)$ 及透射波产生的应变 $\varepsilon_T(t)$,根据一维应力波理论计算得到。通过专业程序处理可以得出试块材料的应力-应变关系曲线。

4.2.2　应变测试技术

混凝土材料的极限压应变只有千分之几,在冲击荷载下,脆性且不均匀的混凝土试块瞬时损伤演化剧烈,按照 SHPB 传统方法,其应变值难以准确测量。参照国内外利用应变计直接测量陶瓷、大理石和花岗岩等脆性材料的应变技术[252,253],本试验采用应变计直接测量应变,即两个应变计以平行于试块母线方向相对粘贴于试块侧表面,连至动态应变仪。直接测量应变与 SHPB 传统方法测量应变相结合,以得到尽可能准确的应力-应变曲线。操作过程如下:

首先,利用试块轴向应变计直接测量试块的应变-时间曲线,利用透射波信号,根据试块与压杆作用力相等得到试块的应力-时间曲线。两者消去时间坐标即为混凝土试块的应力-应变曲线。另外,压杆记录的透射波信号滞后试块应变计信号,因此应该将透射波利用时间差平移至试块贴片处,两波的时间差可以利用混凝土材料和输出杆材料的波速近似计算得到,由于混凝土试块应变计到输出杆应变计的距离非常接近,这种近似计算产生的波头误差将很大程度小于传统 SHPB 数据处理方法。此外,由于试块应变计信号远大于压杆应变计信号,还可以结合直测应变对波头进一步降低这种误差。

大多数试验结果显示,在峰值应力的 40%～60% 以下,应变直接测量法得到混凝土材料的应力-应变曲线具有良好的线性关系,且同类材料的重复性较好,由此可以得到试块的初始弹性模量。

然后,利用传统 SHPB 方法处理同一批试块的应力-应变曲线,调整入射波和透射波的波头,使得峰值应力 40%～60% 以下段的弹性模量与应变直接测量法相同,这时的入射波和透射波波头延时具有一定的准确性。为了进一步提高精度,同时比较该批试块的入射波和透射波波形,由于在特定应变率下所有试块的加载入射波基本相同,主要比较透射波的上升段,由此也可以得到该批试块之间的入射波和透射波波头延时,两种方法得到的波头延时吻合,则试块的应力-应变曲线最佳。为了消除初始应力(应变)不均匀影响,将应力-应变曲线下凹的初始段处理成直线。

改变子弹的速度可控制入射应力(应变)脉冲的幅值和应变率的高低;而改变子弹的长度可以改变应力脉冲的长度。

测量混凝土应变率范围与试块的厚度有关。为了满足应力均匀性假定,对于厚 35mm 的试块,应力均匀需要 $80\sim100\mu s$,而混凝土的真实应变通常为千分之几至千分之十几,即可计算出其应变率一般不会超过 $100s^{-1}$,如果要加大应变率,则需减小应力均匀时间,也就是要减小试块厚度,当试块再薄,那就只能用细粒混凝土或水泥砂浆,而非军事防护工程所用的普通混凝土。

此外,测试材料的动态抗压强度必须小于 SHPB 杆的屈服极限,使 SHPB 杆在整个试验过程中都处于弹性变形阶段,这也是约束材料测试应变率的因素之一。

4.2.3　SHPB 计算方法

传统的 SHPB 技术基于以下两个假设条件:

(1) 压杆中的一维弹性波假设。假设应力脉冲在压杆中为无畸变的一维弹性波。在此假设下,可以忽略压杆材料的应变率效应,利用简单的一维弹性波理论直接得到试块的应力和应变,不需要再进行特别的处理。此外,一维应力状态下压杆表面应变计测量的轴向应变才可以代表整个截面各点的轴向应变,无畸变的弹性波才可以认为压杆中应变计位置测量应变与试块端面完全一样,即测量位置的受力状态与试块端面完全一样。

(2) 试块的应力(应变)均匀性假设。由于试块很短,假设在很短的时间内试块长度方向的应力(应变)均匀化。在此假设下,可以忽略试块的应力波效应,认为试块在均匀应力作用下变形。试块的平均应力和由压杆端面变形得到的试块平均应变才可以反映材料的真实力学性能。

根据一维弹性波理论确定试块与压杆界面处的位移和应力:

$$l(t) = C^* \int_0^t \varepsilon(t)\,\mathrm{d}t \tag{4.8}$$

式中,$l(t)$ 为 t 时刻的位移;C^* 为杆的弹性波速;$\varepsilon(t)$ 为应变。入射杆端面位移 l_1 是沿杆轴向传播的入射应变脉冲 $\varepsilon_I(t)$ 和逆轴向传播的反射应变脉冲 $\varepsilon_R(t)$ 共同作用的结果,即

$$l_1 = C^* \int_0^t \varepsilon_I(t)\,\mathrm{d}t + (-C^*) \int_0^t \varepsilon_R(t)\,\mathrm{d}t = C^* \int_0^t [\varepsilon_I(t) - \varepsilon_R(t)]\,\mathrm{d}t \tag{4.9}$$

透射杆与试块接触端面的位移为

$$l_2 = C^* \int_0^t \varepsilon_T(t)\,\mathrm{d}t \tag{4.10}$$

以 l 表示试块长度,则试块的应变为

$$\varepsilon = \frac{l_1 - l_2}{l} = \frac{C^*}{l} \int_0^t [\varepsilon_I(t) - \varepsilon_R(t) - \varepsilon_T(t)]\,\mathrm{d}t \tag{4.11}$$

试块的应变率为

$$\dot{\varepsilon} = \frac{\mathrm{d}\varepsilon}{\mathrm{d}t} = \frac{C^*}{l} [\varepsilon_I(t) - \varepsilon_R(t) - \varepsilon_T(t)] \tag{4.12}$$

以 A^* 表示压杆横截面积,则试块与入射杆及透射杆相接触的两个端面的作用力分别为

$$P_1 = EA^*[\varepsilon_I(t) + \varepsilon_R(t)] \tag{4.13a}$$

$$P_2 = EA^* \varepsilon_T(t) \tag{4.13b}$$

对于横截面积为 A_0 的试块,则其平均应力为

$$\sigma = \frac{P_1 + P_2}{2A_0} = \frac{EA^*}{2A_0}[\varepsilon_I(t) + \varepsilon_R(t) + \varepsilon_T(t)] \tag{4.14}$$

经过一定时间间隔后,应力脉冲在短试块中多次来回反射后已使试块沿长度的应力均匀化,则

$$\varepsilon_I(t) + \varepsilon_R(t) = \varepsilon_T(t) \tag{4.15}$$

$$\sigma_1 = \sigma_2 \tag{4.16}$$

将式(4.15)代入式(4.11)、式(4.12)、式(4.14)有

$$\varepsilon = -\frac{2C^*}{l} \int_0^t \varepsilon_R(t) \mathrm{d}t \tag{4.17}$$

$$\dot{\varepsilon} = \frac{-2C^* \varepsilon_R(t)}{l} \tag{4.18}$$

$$\sigma = \frac{EA^* \varepsilon_T(t)}{A_0} \tag{4.19}$$

在 SHPB 试验中,若入射波脉冲长度比短试块长度大得多,则试块应力(应变)是均匀化的,假定成立,于是只需采集到 $\varepsilon_I(t)$、$\varepsilon_R(t)$、$\varepsilon_T(t)$ 三个波形中的任何两个就可求得试块的动态应力-应变关系。因此,通常可有下列四种计算处理模式。

模式一:用入射波和透射波计算,即将式(4.18)的 ε_R 用 ε_I 和 ε_T 取代。

$$\sigma_{m1} = \frac{EA^* \varepsilon_T(t)}{A_0} \tag{4.20a}$$

$$\dot{\varepsilon}_{m1} = \frac{2C^*[\varepsilon_I(t) - \varepsilon_T(t)]}{l_0} \tag{4.20b}$$

$$\varepsilon_{m1} = \int_0^t \dot{\varepsilon}_{m1}(t) \mathrm{d}t \tag{4.20c}$$

模式二:用入射波和反射波计算。

$$\sigma_{m2} = \frac{EA^*[\varepsilon_I(t) + \varepsilon_R(t)]}{A_0} \tag{4.21a}$$

$$\dot{\varepsilon}_{m2} = \frac{-2C^*[\varepsilon_R(t)]}{l} \tag{4.21b}$$

$$\varepsilon_{m2} = \int_0^t \dot{\varepsilon}_{m2}(t) \mathrm{d}t \tag{4.21c}$$

模式三:用反射波和透射波计算。

$$\sigma_{m3} = \frac{EA^* \varepsilon_T(t)}{A_0} \qquad (4.22a)$$

$$\dot{\varepsilon}_{m3} = \frac{-2C^* \varepsilon_R(t)}{l} \qquad (4.22b)$$

$$\varepsilon_{m3} = \int_0^t \dot{\varepsilon}_{m3}(t)\,\mathrm{d}t \qquad (4.22c)$$

模式四:用入射波、反射波、透射波直接计算。

$$\sigma_{m4} = \frac{EA^* [\varepsilon_I(t) + \varepsilon_R(t) + \varepsilon_T(t)]}{2A_0} \qquad (4.23a)$$

$$\dot{\varepsilon}_{m4} = \frac{C^* [\varepsilon_I(t) - \varepsilon_R(t) - \varepsilon_T(t)]}{l} \qquad (4.23b)$$

$$\varepsilon_{m4} = \int_0^t \dot{\varepsilon}_{m4}(t)\,\mathrm{d}t \qquad (4.23c)$$

上述四种模式是相互等价的。由于混凝土试块极易脆裂,采集到的反射波形往往不太理想,本试验主要采用第一种模式处理。

4.3　SHPB 误差分析与试块尺寸的确定

胡时胜[254]、巫绪涛等[255]、Gong 等[256]、Dioh 等[257]、Zhao 和 Gary[258] 等众多国内外学者对影响 SHPB 试验结果准确性的因素以及对小应变材料的 SHPB 试验误差进行了分析。综合上述学者的建议,对于混凝土的 SHPB 冲击压缩试验,在确定试块尺寸、试验操作与数据处理时,要注意一些可能造成误差的问题,分述如下。

4.3.1　弥散效应与应力不均匀性

弥散效应是指应力波在传播过程中不能保持初始波形,各谐波分量以各自的相速传播,造成波形拉长,上升沿变缓,波形出现高频振荡的现象。

混凝土材料的骨料尺寸较大且微缺陷较多,为了保证一定的均质性,测试要求混凝土试块具有相当大的尺寸(直径至少要大于 30mm,本试验采用的是 ϕ70mm× 35mm),因此就必须采用大尺寸 SHPB 装置。传统 SHPB 测试方法是建立在一维假定的基础上,即假设压杆的横截面在变形前后均为平面,并在横截面上只存在均布轴向应力。按一维假定,任意一个应力脉冲都是以速度 C_0 在压杆中传播,其中 C_0 只与材料性质有关。但这一假定忽略了压杆中质点的横向惯性运动,即忽略了压杆的横向收缩或膨胀对动能的影响,因此它是一个近似的假定。Pochhammer 和 Chree 曾给出波在弹性杆中传播的解析解,Rayleigh 也用能量法得到了考虑横

向惯性运动的近似解,三位学者从不同的角度得到了同样的结果:

$$C' \approx C_0 [1 - \pi^2 \nu_s^2 (r/\lambda)^2] \tag{4.24}$$

式中,ν_s 和 r 分别为弹性杆的泊松比和半径;λ 为组成应力脉冲某个谐波的波长。式(4.24)表明,组成应力脉冲的某个谐波是以各自的波速 C' 传播的,频率高、波长短的波传播慢,频率低、波长长的波传播快,因此任一应力脉冲在压杆中传播都将发生弥散,这就是由于压杆中质点横向惯性运动引起的弥散效应。用应变片测得的应变波形上叠加的高频振荡就是波形弥散的结果,又称为 Pochhammer-Chree 振荡[259]。

文献[260]通过数值计算证明压杆的直径越大,弥散效应的影响就越大,本试验采用的是锥形入射杆,入射杆直锥变截面的过渡段引起的二维效应,造成波头的过冲明显大于直杆[261],因此大直径直锥变截面 Hopkinson 杆的波形弥散现象已不能忽略。作者最初的试验中发现,在离入射杆打击端 2m 处压缩脉冲的初始上升沿历时约 $50\mu s$,初始上升沿的波峰值大于峰后平均值 $1/4 \sim 1/3$,升时偏大与过冲应力偏高都有可能导致试验结果误差较大。

对于一般的细长压杆及平头圆柱弹,当应力脉冲波长 λ 是压杆半径 r 的 10 倍以上时,可认为满足一维应力假设,弥散效应的影响很小。但对于直径 74mm 的 SHPB 装置,即使 $\lambda/r > 10$,依然存在一定的弥散,此外过长的子弹将导致加载能量过剩,不利于分析混凝土卸载段应力-应变曲线和最终的破坏形态。参照国内外的波形整形技术[262~266],并通过试验发现,在入射杆打击端加设波形整形器可以控制入射波形,波形振荡小,波形光滑,波传播过程中的弥散小。波形整形器是个薄圆片,其材质可为铝、紫铜、黄铜、不锈钢、橡胶等。本试验采用紫铜薄圆片作为波形整形器。

加设波形整形器的方法还可以解决大尺寸试块的应力均匀性问题。混凝土试块径向与厚度尺寸都大,影响了试块应力的均匀性。试块厚度 35mm,为了获得试块均匀的内应力,应力脉冲至少需要两次以上的来回反射。设混凝土试块的波速为 3500m/s,来回反射两次获得应力均匀的时间约需 $50\mu s$,这相当于直径 74mm 直锥变截面式 SHPB 上压应力脉冲的上升沿历时,而混凝土破坏应变只有千分之几,大多数情况在这段时间已经破坏或接近破坏,这影响到试验结果的有效性。

本试验通过加设波形整形器的方法,将入射脉冲改造成三角形波形,消除了波头的过冲和波形振荡,并将上升沿拉长。这种方法增加了上升沿历时,使应力脉冲在混凝土试块破坏前有足够的时间来回反射以获到试块内的应力均匀分布。

4.3.2　界面摩擦效应

在应力脉冲作用下,压杆和试块的界面处,两者横向运动不同,由此产生的摩擦力破坏了试块的一维应力状态,即为界面摩擦效应。Malinowski 和 Klepaczko[267]提出了描述摩擦效应的公式:

$$\sigma^* = \sigma_s \left(1 - \frac{\eta d}{3h}\right) \tag{4.25}$$

式中,σ^*、σ_s 分别为试块的修正应力与实测应力;η 为摩擦系数;d 和 h 分别为试块的直径和厚度。该文献认为,在界面充分润滑,而且试块长径比大的情况下,可以减小摩擦效应带来的误差。

本试验中,试块的半径和厚度相近,试块端面经过磨削处理,表面不平度小于 0.02mm,在试验中还用凡士林对试块与压杆接触面进行充分润滑,摩擦系数小于 0.06,因此摩擦效应的影响小于 4%。

4.3.3　接触面平整性的影响

一般情况下,在利用 SHPB 试验装置进行材料动态力学性能测试时,通过对试验装置的精心调试后,可将调试好的装置作为一理想的试验系统。在 SHPB 试验中共存在三对接触界面:子弹与输入杆在撞击时形成的接触界面、输入杆与试块的接触界面以及试块与输出杆的接触界面。界面接触情况会影响应力波的传播,也就会影响材料参数的测试。接触面的接触情况是造成 SHPB 试验装置误差的主要因素之一,而 SHPB 装置加工造成的试块、波导杆和子弹端面不平行、端面与轴线的不垂直、端面的不平、加工或试验过程中造成的轴线弯曲,以及试验的安装状态均会影响端面的接触状态,它们最基本的形态就表现为端面的不平行。

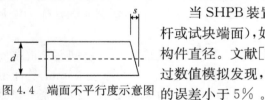

当 SHPB 装置中的某两个端面不平行时(如子弹、杆或试块端面),如图 4.4 所示,截面偏差 $s > 0$,d 为圆构件直径。文献[268]将 s/d 定义为端面不平行度,通过数值模拟发现,当 $s/d \leqslant 0.33\%$ 时,由不平行度造成的误差小于 5%。

图 4.4　端面不平行度示意图

4.3.4　惯性效应

在 SHPB 试验中,变形速率很高,试块同时存在轴向运动和径向运动,它们对试验测试应力的影响称为试块的惯性效应。

Davies 和 Hunter 在试块能量守恒的基础上提出了一个惯性效应修正模型[269],他们在不考虑摩擦效应的基础上,提出了可忽略试块惯性效应的最佳厚度 h 与半径尺寸 r_s 比 $\left(\dfrac{h}{r_s} = \dfrac{\sqrt{3}}{2}\right)$,试块惯性效应修正公式为

$$\sigma = -\frac{1}{2}(P_1 + P_2) - \rho_0 \left(\frac{1}{12}h^2 + \frac{1}{2}\nu_s^2 a^2\right)\frac{\mathrm{d}^2\varepsilon}{\mathrm{d}t^2} \tag{4.26}$$

式中,σ 为理想一维应力;P_1 和 P_2 分别为试块两端的压力;ρ_0 为试块的密度;ν_s 为试块的泊松比;h 为试块厚度;$\dfrac{\mathrm{d}^2\varepsilon}{\mathrm{d}t^2}$ 为试块应变对时间的二阶导数。

Bertholf 和 Karnes 的数值分析证明[270],当 $h/r_s=1.2$ 时,惯性效应引起的附加应力可忽略不计,其中,h、r_s 分别为试块的厚度与半径。

4.3.5　二维效应

在 SHPB 试验中,试块与压杆的径向尺寸应尽量接近,以保证一维假定的有效性。Kinra 和李培宁研究表明[271],在试块与压杆采用同样材料且试块直径为压杆的 1/2 时,采用一维特征线法算得反射波峰值不到实测值的 1/2,表现出明显的二维效应。王道荣和胡时胜认为[272],为了使 SHPB 试验过程中满足一维应力波的假设,试块的纵横比取 0.43 可以最大限度地克服波传播过程中的二维效应。肖大武和胡时胜认为[273],在 SHPB 试验中,试块的横截面面积的不匹配引起的二维效应包括平面二维效应和凹面二维效应,其中平面二维效应的影响可忽略不计,凹面二维效应则是最主要的,当试块处于弹性变形阶段时,凹面二维效应的影响相当大,只有当试块弹性模量 E_c 远小于压杆弹性模量 $E_{杆}$ 时,这种影响才可忽略不计;当试块进入塑性阶段时,除了试块材料本身的特性外,施加的外载大小对凹面二维效应的影响也很明显,外载相对于试块材料的屈服强度越大,凹面二维效应的影响就越小。

4.3.6　试块尺寸与表面加工

SHPB 试验数据处理是建立在两个基本假定的基础上,即一维假定与均匀性假定。一维假定主要采用提高压杆的长径比实现,入射杆、透射杆长径比通常在 20 以上;均匀性假定则要求试块不能太小,通常试块最小尺寸(高度或直径)是其最大组分尺寸的 3 倍以上。

对于混凝土类材料,其最大骨料尺寸常达到 20mm 甚至更大,按照均匀性假定,其直径与高度应该大于 75mm,考虑到试块的纵横比应该接近 0.43,以便最大限度地克服波传播过程中的二维效应,减少误差[272],则直径要求达 174mm。但过大的试块使得试验装置庞大,又会增加二维效应误差。鉴于此,通常将粗骨料尺寸适当减小。

综合上述误差分析、均匀性要求、SHPB 试验装置的直径(74mm)以及钢纤维增强效果考虑,确定试块尺寸为 ϕ70mm×35mm。本章试验中,C40 和 C100 级 SFRC 的石子最大粒径为 10mm、钢纤维长度为 15mm;RPC 试块所用的超细纤维长度为 13mm,制作 C40V$_0$、C40V$_2$、C40V$_3$、C100V$_0$、C100V$_2$、C100V$_3$、RPC200V$_0$、

RPC200V_3、RPC200V_4 试块各 24 个(其中 12 个用于冲击压缩试验,另 12 个用于冲击劈裂抗拉试验),试块表面采用高精度磨床加工,表面不平度小于 0.02mm,如果试块外表面存在孔洞,则采用同强度等级的水泥砂浆将之抹平。试验前,试块两个端面用凡士林润滑。

4.4　试　验　结　果

采用高压氮气驱动子弹撞击输入杆,调节气压可控制子弹速度,从而控制试块受载的应变率,但是即使在同等气压下,子弹速度也常有所差异,应变率也只能控制到相近的程度。图 4.5 和图 4.6 为典型的 SHPB 冲击压缩试验波形图,图 4.7~图 4.15 为各系列 SFRC 的应力-应变曲线,表 4.1~表 4.3 为测试出的SFRC 动态力学性能,图 4.16 为用于冲击压缩的试块,图 4.17~图 4.21 为试块典型的破坏形态。

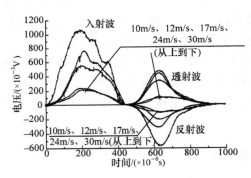

图 4.5　不同子弹速度时 C100V_0 波形图

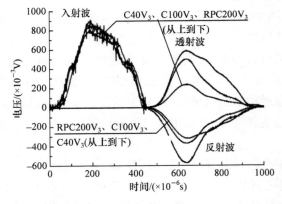

图 4.6　相同子弹速度时 C40V_3、C100V_3、RPC200V_3 的波形图

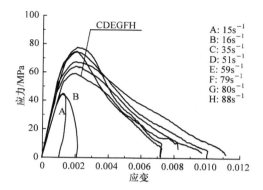

图 4.7 C40V₀ 冲击压缩下的应力-应变曲线

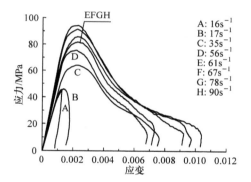

图 4.8 C40V₂ 冲击压缩下的应力-应变曲线

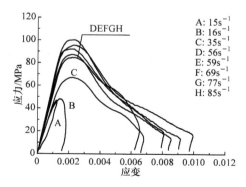

图 4.9 C40V₃ 冲击压缩下的应力-应变曲线

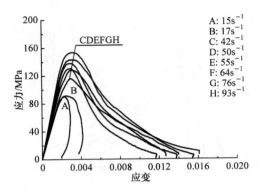

图 4.10　C100V$_0$ 冲击压缩下的应力-应变曲线

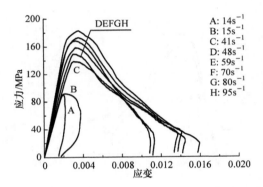

图 4.11　C100V$_2$ 冲击压缩下的应力-应变曲线

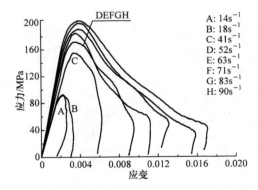

图 4.12　C100V$_3$ 冲击压缩下的应力-应变曲线

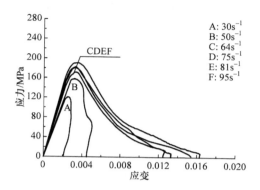

图 4.13　RPC200V$_0$ 冲击压缩下的应力-应变曲线

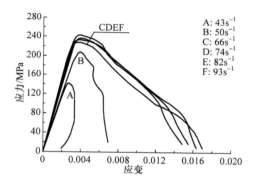

图 4.14　RPC200V$_3$ 冲击压缩下的应力-应变曲线

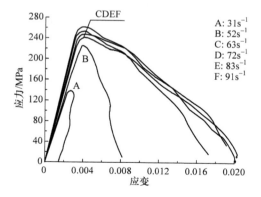

图 4.15　RPC200V$_4$ 冲击压缩下的应力-应变曲线

表 4.1　C40 系列 SFRC 动态力学性能

V_f/%	应变率/s^{-1}	峰值应力/MPa	峰值应变/($\times 10^{-3}$)	弹性模量/GPa	曲线下的面积/(mJ/m³)
0	15*	44.1	1.241	41.7	0.035
	16*	44.7	1.270	41.7	0.063
	35	58.9	2.000	41.9	0.278
	51	64.0	2.038	47.0	0.328
	59	67.1	2.041	51.5	0.408
	79	74.0	2.092	56.6	0.414
	80	74.4	2.103	56.7	0.420
	88	77.3	2.114	60.1	0.425
2	16*	45.2	1.213	42.5	0.023
	17*	45.7	1.326	42.6	0.051
	35	63.8	2.150	43.7	0.290
	56	75.3	2.198	52.0	0.310
	61	81.3	2.208	53.6	0.358
	67	85.4	2.215	57.6	0.442
	77	91.1	2.241	60.9	0.483
	90	93.3	2.301	63.3	0.484
3	15*	46.8	1.396	44.1	0.010
	16*	48.1	1.244	44.1	0.056
	35	66.9	2.251	44.5	0.292
	56	84.7	2.291	53.2	0.400
	59	87.2	2.300	56.8	0.413
	69	92.1	2.315	60.7	0.441
	78	95.5	2.320	62.1	0.523
	85	100.1	2.351	63.6	0.527

* 对应的试块无可见破坏。

表 4.2　C100 系列 SFRC 动态力学性能

V_f/%	应变率/s^{-1}	峰值应力/MPa	峰值应变/($\times 10^{-3}$)	弹性模量/GPa	曲线下的面积/(mJ/m³)
0	15*	90.6	2.220	47.2	0.152
	17*	91.3	2.446	47.3	0.263
	42	116.3	2.914	48.1	0.790
	50	128.6	3.021	54.4	0.821
	55	130.8	3.026	56.9	0.826
	64	138.1	3.042	61.3	0.832
	76	143.5	3.089	64.3	1.041
	93	153.8	3.108	69.5	1.076

$V_f/\%$	应变率/s^{-1}	峰值应力/MPa	峰值应变/($\times 10^{-3}$)	弹性模量/GPa	曲线下的面积/(mJ/m³)
2	14*	89.7	1.995	49.8	0.095
	15*	91.4	2.154	49.8	0.211
	41	139.0	3.078	50.5	0.977
	48	149.5	3.101	56.3	1.029
	59	158.7	3.250	63.4	1.289
	70	168.5	3.266	67.5	1.303
	80	173.1	3.598	70.6	1.400
	95	183.0	3.624	76.1	1.560
3	14*	91.6	2.256	51.3	0.131
	18*	92.9	2.260	51.4	0.199
	41	155.1	3.311	52.3	0.645
	52	171.4	3.434	60.9	1.072
	63	184.6	3.541	67.4	1.219
	71	190.9	3.736	70.7	1.432
	83	199.5	3.814	74.8	1.753
	90	203.2	3.823	77.6	1.982

* 对应的试块无可见破坏。

表 4.3　RPC200 动态力学性能

$V_f/\%$	应变率/s^{-1}	峰值应力/MPa	峰值应变/($\times 10^{-3}$)	弹性模量/GPa	曲线下的面积/(mJ/m³)
0	30*	120.7	2.515	55.1	0.178
	50	158.1	3.210	57.9	0.480
	64	171.4	3.300	65.8	0.973
	75	180.9	3.310	69.2	1.119
	81	182.5	3.315	71.4	1.105
	95	190.6	3.588	74.5	1.327
3	43*	142.1	2.645	57.4	0.252
	50	208.0	3.879	58.2	0.892
	66	227.8	3.889	68.7	2.195
	74	233.3	3.901	71.2	2.261
	82	236.3	3.911	73.9	2.290
	93	243.0	3.920	77.3	2.421

V_f/%	应变率/s^{-1}	峰值应力/MPa	峰值应变/(×10^{-3})	弹性模量/GPa	曲线下的面积/(mJ/m^3)
4	31*	138.2	2.684	57.4	0.164
	52	225.3	3.903	61.3	1.048
	63	241.6	4.091	68.7	2.995
	72	247.6	4.138	71.4	3.079
	83	253.5	4.159	75.9	3.085
	91	261.4	4.166	78.8	3.133

* 对应的试块无可见破坏。

C40V$_0$ C40V$_2$ C40V$_3$

图 4.16　用于冲击压缩试验的试块

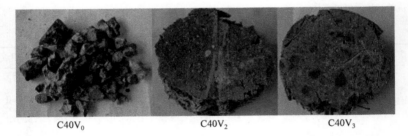

C40V$_0$ C40V$_2$ C40V$_3$

图 4.17　应变率为 61s^{-1} 时 C40V$_0$、C40V$_2$、C40V$_3$ 的破坏形态

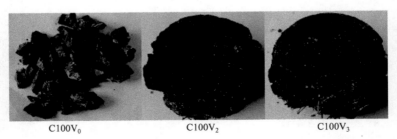

C100V$_0$ C100V$_2$ C100V$_3$

图 4.18　应变率为 70s^{-1} 时 C100V$_0$、C100V$_2$、C100V$_3$ 的破坏形态

图 4.19　应变率为 $75s^{-1}$ 时 $RPC200V_0$、$RPC200V_3$、$RPC200V_4$ 的破坏形态

图 4.20　应变率增大时 $RPC200V_0$ 的破坏形态

图 4.21　应变率增大时 $RPC200V_4$ 的破坏形态

4.5　试验结果分析

4.5.1　波形分析

图 4.5 中,对于同一材料,随着子弹速度的增大,入射波、透射波与反射波的波峰逐渐增高。$u_{子弹}=10m/s$ 和 $12m/s$ 时,试块均无可见破损,$u_{子弹}=17m/s$ 时,试块破坏,从波形图上看,$u_{子弹}=10m/s$、$12m/s$、$17m/s$、$24m/s$、$30m/s$ 时,透射波峰点电压分别为 $102mV$、$121mV$、$340mV$、$435mV$、$470mV$,增长倍数为 1.19、3.33、4.26、4.61;反射波峰点电压分别为 $105mV$、$113mV$、$210mV$、$320mV$、$570mV$,增长倍数为 1.08、2.00、3.05、5.43。由此可见,随着子弹速度的增大,速度较低时,透射波强度比反射波强度增长快,速度较高时,反射波强度比透射波强度增长快。

其原因在于:混凝土是一种应变率敏感材料,同时又因其内部包含大量微孔洞和微裂缝而有损伤软化的特点,低速度打击时,试块损伤较小,材料的均匀性与密实性较好,经过试块透射的波强度较大,材料主要表现为应变率硬化效应,当打击速度较大时,试块微孔洞扩大、微裂缝延伸,损伤程度较大,经过试块透射的波强度较小,反射的波强度较大,损伤软化效应超过了应变率硬化效应,宏观表现为材料破裂。

图 4.6 是同一子弹速度时不同强度材料的波形图。可以看出,材料强度越高,透射波的波峰越高,反射波的波峰则越低。仍然如同前面所述,与低强度材料相比,强度高的材料,在同一打击速度下,其损伤小,从而经过试块透射的波强度大。可以考虑两个极端的例子:当试块为与 SHPB 杆同强度的材料且两者截面相同时,会出现全透射,反射为 0,当入射杆的右端为空气时(左端为打击端),则发生全反射。

从图 4.5 与图 4.6 还可以看出,入射波的时间长度基本上一致,其波峰随子弹速度增大而升高。入射波的高度 H_I 与时间长度 T_0 可用一维波理论来计算[274]:

$$H_I = \rho_{杆} C_0 u_{子弹} \tag{4.27}$$

$$T_0 = \frac{2L_{子弹}}{C_0} \tag{4.28}$$

式中,$\rho_{杆}$ 为 SHPB 杆的密度;C_0 为波在杆中的传播速度;$u_{子弹}$ 为子弹速度;$L_{子弹}$ 为子弹长度。从式(4.27)和式(4.28)可知,对于同一 SHPB 系统,入射波的波长相同,高度只与子弹速度有关。当然,由于 SHPB 试验存在前述的一些误差,同一子弹速度时,入射波形并未重合;此外,无论入射波、透射波还是反射波,皆非光滑波形。

4.5.2　动态力学性能分析

在 SHPB 冲击试验中,材料的冲击压缩破坏需要满足一定的应变率条件。当应变率小于该值时,测出的材料峰值应力小于其静态抗压强度,并且随着应变率的改变,峰值应力变化不大,冲击压缩后的试块无可见损伤;当应变率达到该值时,峰值应力达到或略超过静态抗压强度,试块破坏;当应变率再提高时,峰值应力提高较快。反复测试表明,C40、C100 系列 SFRC 与 RPC200 的该应变率值分别为 $35s^{-1}$、$41s^{-1}$、$50s^{-1}$。

Ross 等[37]和 Tedesco 等[112]采用直径为 51mm 的 SHPB 装置对 C30~C50 混凝土进行冲击压缩试验发现,混凝土应变率敏感性有一临界值,超过该值后,材料对应变率非常敏感,材料峰值应力随应变率呈对数线性增长,测试出的应变率敏感性阈值为 $60s^{-1}$。严少华等[71]采用直径为 74mm 的 SHPB 装置对 C60 级普通混凝土、C80 级钢纤维混凝土进行冲击压缩试验,发现应变率敏感性阈值为 $43\sim47s^{-1}$。本试验结果与后者接近。

加大子弹速度,材料应变率逐渐增大,材料峰值应力逐渐提高。从图 4.7~图 4.15 与表 4.1~表 4.3 可以看出,当应变率小于敏感性阈值时,材料峰值应力增长缓慢,峰值应变有所增加,弹性模量几乎无变化,峰值应力后,应力-应变曲线回缩,说明材料尚处于弹塑性阶段。继续加大子弹速度,当应变率达到或超过敏感性阈值时,峰值应力与弹性模量均增长较快,材料应变率硬化效应明显。

应变率硬化原因主要包括以下两个方面:一方面,混凝土内部,骨料周围及整个水泥浆体中布满了大小不同的微裂纹和微孔洞等损伤。混凝土材料的破坏是由裂纹的产生和发展而导致的,裂纹形成过程所需的能量远比裂纹发展过程中所需的能量高[272]。撞击的速度越高,产生的裂纹数目就越多,因而需要的能量就越多,又因为高速撞击下,作用时间很短,材料没有足够的时间用于能量的积累,也就是变形缓冲作用小,根据冲量定理或功能原理,它只有通过增加应力的方法来抵消外部冲量或能量,结果材料的抗压强度随应变率的增加而增加。

另外,类似于 Brace 和 Jones[275] 及 Janach[276] 等对岩石应变率硬化的分析,混凝土的应变率硬化效应可以看作材料由一维应力状态向一维应变状态转换过程中的力学响应,其理由是:混凝土试块比较大,在 SHPB 试验中,试块内部的受力状态已不能准确地说是一维应力,特别是在试块的中间部位,在动荷载下,尤其是高应变率动荷载下,由于材料的惯性作用,试块侧向的应变受到限制,并且应变率越高,这个限制作用越大,材料近似于处于围压状态,从而其破坏强度随应变率的增加而增加。

SFRC 与基体混凝土峰值应力的区别在于应变率敏感性阈值之后强度增幅的大小不同。在 $35\sim90s^{-1}$ 应变率区段,以 $35s^{-1}$ 对应的峰值应力为计算基准,$C40V_0$ 的强度增幅分别为 8.66%、13.92%、25.64%、26.32%、31.24%;$C40V_2$ 的强度增幅分别为 18.03%、27.43%、33.86%、42.79%、46.24%;$C40V_3$ 的强度增幅分别为 26.61%、30.34%、37.67%、42.75%、49.63%。可见对于 C40 系列的 SFRC 来说,V_f 越大,在 $35\sim90s^{-1}$ 应变率区段随着应变率提高,峰值应力提高幅度增大。钢纤维所起的作用是阻止基体开裂,另外,纤维网包络约束基体,使试块中间部位受到的围压更大,结合应变率硬化的两方面因素,因此随着应变率升高,C40 系列钢纤维混凝土的峰值应力提高幅度比基体混凝土的提高幅度大。

但对于 C100 系列 SFRC 与 RPC200 来说似乎不完全如此,从应变率敏感性阈值至 $95s^{-1}$ 区段,$C100V_0$ 与 $C100V_2$、$C100V_3$ 峰值应力增长幅度相差不多,而 $RPC200V_3$ 和 $RPC200V_4$ 则较 $RPC200V_0$ 的增长幅度还要小一些,其原因在于 C100 与 RPC200 的应变率敏感性阈值比 C40 高,从其阈值到 $95s^{-1}$ 仅是其应变率敏感区域的一个局部,未能测出其在更高应变率下的峰值应力,另外,同一阈值对应的 C100 系列 SFRC 与 RPC200 基准强度比其基体大得多,因此尽管 C100 系列 SFRC 与 RPC200 峰值应力增加值比普通混凝土大,但增长率与后者相近甚至更小些。

与静态力学性能类似,在冲击条件下,钢纤维对基体最显著的贡献是增大其韧性。从图 4.7~图 4.15 可以看出,SFRC 应力-应变曲线比普通混凝土的丰满,从图 4.22 可更清楚地看出,不同应变率时各系列 SFRC 应力-应变曲线下面积的差异。

冲击持续的时间虽然很短,但在试块破坏之前还是有一个裂缝扩展的过程,与静态、准静态相似,钢纤维仍然起到阻裂增韧的作用,当基体强度高,纤维与胶凝体黏结力大时,这种作用更加显著,这从图 4.22 中三种系列 SFRC 的面积-应变率曲线可以清楚地对比出来。

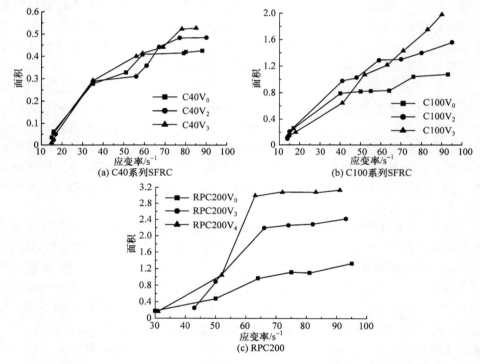

(a) C40系列SFRC

(b) C100系列SFRC

(c) RPC200

图 4.22　不同应变率时 SFRC 应力-应变曲线下的面积

4.5.3　破坏形态分析

试验结果表明,在同应变率条件下,SFRC 试块的破坏程度要比同基体的普通混凝土轻得多,从图 4.17~图 4.19 可以看出,在同一应变率下,普通混凝土试块碎成了一堆残渣时,钢纤维混凝土试块还能基本上保存中间的主体。从图 4.20 的 RPC200V$_0$ 试块和图 4.21 的 RPC200V$_4$ 试块可以看出,在应变率升高的过程中,SFRC 与基体混凝土破坏状况的区别如下:在应变率敏感性阈值之前,两者基本上都无可见损伤；达到应变率敏感性阈值 $50s^{-1}$ 时，SFRC 试块边缘脱离，基体混凝土试块则裂开；应变率超过 $60s^{-1}$ 时，前者边缘脱落增多，后者则分裂成大小不等的十多块；应变率超过 $70s^{-1}$ 时，前者沿周边环状开裂，后者则碎成残渣；应变率超过 $80s^{-1}$ 时，前者中间裂缝成 X 形，四个裂块由纤维连接，此时后者已成粉末状态。SFRC 在冲击条件下呈现出"微裂而不散，裂而不断"的破坏模式正是防护工程所需要的，它可显著减少爆炸作用下，防护结构碎裂块对人员、设备的冲击伤害。

　　SFRC 破坏形态机理一方面在于钢纤维的阻裂增韧和增强作用；另一方面，还可以从应力波的角度分析，即在试验中试块可能出现拉伸破坏。相对而言，混凝土的抗拉强度要远小于其抗压强度，对混凝土试块进行 SHPB 冲击压缩试验时，试块侧面为自由面，因此经侧面反射的波为拉伸波，这个拉伸波的强度虽然不是很强，但混凝土的抗拉强度很小，因此它可能使材料过早破坏。因此，可以认为同应变率时，SFRC 的破坏程度远轻于基体混凝土的原因是在试块内部大量无规则分布的钢纤维形成了一个纵横交错的网状结构，这种网状结构能有效地阻碍混凝土的拉伸破坏。

4.6　钢纤维混凝土动态本构方程

4.6.1　本构方程概述

　　本构关系广义上是指自然界中某作用与由该作用产生的效应两者之间的关系，在力学中则为力与变形之间的关系，材料的力学本构关系就是材料的应力-应变关系，描述它的数学表达式称为本构方程。

　　混凝土是一种成分复杂的非均质、各向异性材料，组分材料及各相之间的相互作用、配合比、施工工艺（搅拌、成型、养护）、龄期与所处环境的变化都会导致各种性能差异，随着施加于其上荷载的大小与时间的变化，混凝土常表现出弹性、塑性或黏性等性状，而且不同种类的混凝土表现的性状又不完全一样。

　　众多文献报道了混凝土本构理论研究成果[277~280]，但诸多混凝土本构方程适用范围总有一定的局限性，例如，弹性模型简单但只适合单调加载；塑性模型的塑性势函数又难以确定。有些数学和力学功底深厚的研究者为了使理论模型能适合性质复杂的混凝土材料，建立了形式繁复、数量众多的计算式，式中引入很多参数，这在理论上具有严密性，但标定全部参数很困难，与工程实际应用有较大的距离，况且也不能完全适合各种应力状态和不同受力条件下的混凝土。因此，国内外众多专家学者[206,207,281]认为难以建立适用于混凝土的普遍关系式或数学模型。

　　对用于防护工程的混凝土，必须考虑冲击与爆炸作用下材料的力学特性。众所周知，在动荷载作用下，材料强度会提高。由《平战结合人民防空工程设计规范》

(DB 11/994—2013)规定,在动荷载作用下,混凝土设计强度在静态强度的基础上乘以 1.4(C60~C80)或 1.5(C55 及以下)[282]。这虽然考虑了材料强度的应变率硬化效应,但是比较笼统,混凝土种类多,随着材料科学的发展,混凝土本身也经历了一个不断发展的过程,而且该过程会继续与时俱进,是否所有种类混凝土都可以乘以同样的系数来用于防护工程的设计,这很难给予确定的回答。因此,非常有必要对防护工程所用的 C40 系列 SFRC、C100 系列 SFRC、RPC200 系列 SFRC 进行动力性能研究,并且为了准确地描述 SFRC 的动力响应,必须在其本构方程中计及应变率效应。

混凝土材料在冲击荷载下的动力响应大致分为以下三种情况:

(1) 弹性响应。当外荷载产生的应力低于材料的屈服点时,应力波的传播不造成材料不可逆的变形,材料表现为弹性行为,线性胡克定律即可适用。

(2) 黏塑性响应。当外荷载产生的应力超过材料屈服点后,混凝土材料的塑性变形与经典塑性理论不同,它不仅可以屈服和硬化,而且可以产生软化,同时屈服、硬化和软化都与荷载大小和时间密切相关,其本构关系应计入材料黏性因素,考虑瞬态的应变率效应。

(3) 流体动力响应。当应力超过材料强度几个数量级,达到几吉帕或更高时,材料可作为非黏性可压缩流体处理,其真实结构可不予考虑,其本构关系用状态方程来表示。

本章冲击试验的应变率在 $100s^{-1}$ 以内,材料峰值应力均小于 300MPa,又因 SHPB 基于一维应力假设,故本章研究的是 SFRC 在单轴应力状态下的黏塑性响应。

4.6.2　已有应变率相关性动态本构方程简介

对大量试验结果进行拟合,可以得到材料本构方程,在温度变化范围不是很大时,通常给出应力、应变和应变率的关系式,而温度的影响放到本构关系包含的系数中去考虑。这类本构方程可分为如下四种。

(1) 过应力模型。过应力是指材料在动力作用下所引起的瞬时应力与对应于同一应变时的静态应力之差。过应力模型认为应变率只是过应力的函数,与应变大小无关。其中有代表性的是 Malvern 方程[283]:

$$\sigma = f(\varepsilon) + a\ln(1 + b\dot{\varepsilon}) \tag{4.29}$$

式中,a 和 b 为参数,通过试验测定;$f(\varepsilon)$ 为准静态屈服应力;$\dot{\varepsilon}$ 为应变率。

(2) 黏塑性模型。材料动力学的一个重要特征是动态强度随应变率的增加而提高,Newton 黏性流动的特征是剪应力与剪应变成正比,其比值为黏性系数。两者相比较有类似之处,因而借助于黏塑性模型建立材料塑性动态本构关系,典型的有 Bingham 模型的本构方程[284]:

$$\sigma = \sigma_0 + \mu^* \dot{\varepsilon} \tag{4.30}$$

式中，σ_0 为准静态屈服应力；μ^* 为黏性系数。

（3）无屈服面模型。（1）和（2）两类模型均假定存在静态屈服应力，即假设存在屈服面。Bodner 和 Partom 基于位错理论提出了一个无屈服面的模型[285]。位错是晶体内的晶格缺陷，它造成晶体的实际屈服强度比理论屈服强度低得多。模型表达式为

$$\dot{\varepsilon} = \frac{2\sigma}{\sqrt{3}|\sigma|} D_0 \exp\left[-\frac{1}{2}\left(\frac{Z}{\sigma}\right)^{2n}\left(\frac{n+1}{n}\right)\right] \tag{4.31}$$

$$Z = Z_1 - (Z_0 - Z_1)\exp(-mW_P/Z_0) \tag{4.32}$$

式中，Z 为表征流动阻力和应变历史相关的变量；Z_0、Z_1、m、n 和 D_0 为材料参数；W_P 为塑性功。

（4）热激活模型。这是通过从塑性变形过程中微观结构的演化推导出的本构方程。例如，Harding 在对金属进行大量试验研究的基础上得出式（4.33）：

$$\sigma = \sigma_a + C\,(\dot{\varepsilon}/\dot{\varepsilon}_0)^{T'/K} \tag{4.33}$$

式中，σ_a 为材料在应变率 $\dot{\varepsilon}_0$ 时的应力；T' 为热力学温度；C 和 K 为材料参数。

4.6.3　钢纤维混凝土动态本构方程

Bischoff 和 Perry 总结了 20 世纪大部分混凝土强度与应变率方面的研究结果，将应变率为 $10^{-8} \sim 10^2 \mathrm{s}^{-1}$ 的混凝土强度绘制在同一张图表上[286]，如图 4.23 所示。从图中的统计结果可知，混凝土强度随应变率升高而提高，当应变率超过 $10\mathrm{s}^{-1}$ 后，强度提高率明显增大。Ross 等采用 SHPB 对 C40 混凝土研究发现，当应变率超过 $60\mathrm{s}^{-1}$ 后，混凝土强度随应变率的对数呈线性增长[37]。本书试验结果与 Ross 的研究有类似之处，本书数据（超过应变率敏感性阈值后的应变率与相应强度）与 Ross 等的数据的比较如图 4.24 所示，为了图面表达清晰，只列出了 RPC 的数据。

由图 4.7～图 4.15 可以看出，超过应变率敏感性阈值后，SFRC 的冲击动态应力-应变曲线还能够满足图 3.27 的假设。

综上所述，SFRC 本构方程 $\sigma = f(\varepsilon, \dot{\varepsilon})$ 表达式为

$$\sigma_0 = M + N\lg(\dot{\varepsilon}/\dot{\varepsilon}_0)$$

$$y = \begin{cases} \dfrac{Ax - x^2}{1 + (A-2)x}, & 0 \leqslant x \leqslant 1 \\[2mm] \dfrac{Bx}{1 + (B-2)x + x^2}, & x > 1 \end{cases} \tag{4.34}$$

$$x = \varepsilon/\varepsilon_0$$

$$y = \sigma/\sigma_{\max}$$

式中，$\sigma_{\max}$ 和 ε_0 分别为峰值应力和峰值应变；$\dot{\varepsilon}_0$ 为应变率敏感性阈值；M、N、A、B 为待定参数。

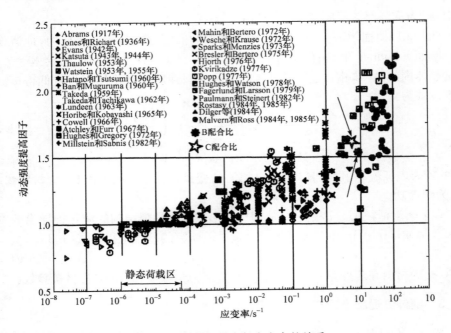

图 4.23　混凝土强度与应变率的关系

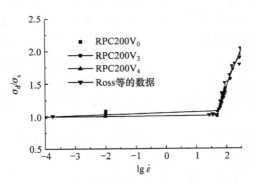

图 4.24　本书数据与 Ross 数据[37] 对比

　　对 SFRC 冲击动态应力-应变曲线进行非线性回归,得到参数 A、B 见表 4.4～表 4.6。从表中可以看出,对于同一种材料,A 值随应变率升高而增大,B 值则在大约 2 倍 $\dot{\varepsilon}_0$ 内随应变率升高而递增,超过该应变率后则呈递减趋势。其原因在于:A 主要反映强度与弹性模量,而这两个力学参数随应变率升高而增大;B 反映的是韧性,随着应变率的升高,材料强度增大,曲线下降段覆盖的面积有增大趋势,但脆性越大,曲线下降越陡峭,使曲线下的面积有减小的趋势,当应变率在 2 倍 $\dot{\varepsilon}_0$ 内时,因为材料强度增大对曲线面积的影响大,所以曲线面积递增,B 值也递增,超过该应变率后,脆性增大对曲线面积的影响更大,因此曲线面积递减,B 值随之递减。由此可见,A、B 分别反映了应变率对材料强度、弹性模量与韧性的影响。

表 4.4～表 4.6 中的拟合结果还表明,在相同或相近应变率下,同基体 SFRC 的 A、B 值均随 V_f 的提高而增大,反映了钢纤维对基体的增强与增韧作用。

表 4.4　C40 系列 SFRC 的 A、B 值

$V_f/\%$	应变率/s^{-1}	A	A 的相关系数	B	B 的相关系数
0	35	1.4211	0.9966	0.4365	0.9742
	51	1.5026	0.9987	0.4798	0.9590
	59	1.5855	0.9970	0.5506	0.9570
	79	1.6033	0.9975	0.6071	0.9758
	80	1.6046	0.9970	0.5797	0.9870
	88	1.6423	0.9997	0.5070	0.9738
2	35	1.4598	0.9968	0.4661	0.9871
	56	1.5161	0.9942	0.5909	0.9922
	61	1.5903	0.9970	0.7151	0.9943
	67	1.6038	0.9991	0.8012	0.9991
	77	1.6113	0.9959	0.7477	0.9983
	90	1.6647	0.9953	0.6206	0.9959
3	35	1.5017	0.9971	0.5923	0.9925
	56	1.5262	0.9971	0.6300	0.9867
	59	1.6071	0.9964	0.6307	0.9951
	69	1.6245	0.9929	0.7326	0.9946
	78	1.6323	0.9952	0.8387	0.9970
	85	1.6711	0.9910	0.5795	0.9948

表 4.5　C100 系列 SFRC 的 A、B 值

$V_f/\%$	应变率/s^{-1}	A	A 的相关系数	B	B 的相关系数
0	42	1.1081	0.9997	0.5659	0.9839
	50	1.2613	0.9996	0.6513	0.9811
	55	1.3348	0.9976	0.7069	0.9929
	64	1.3879	0.9969	0.7314	0.9918
	76	1.4007	0.9974	0.8051	0.9693
	93	1.4147	0.9976	0.6922	0.9870

$V_f/\%$	应变率/s^{-1}	A	A 的相关系数	B	B 的相关系数
	41	1.1422	0.9999	0.7838	0.9714
	48	1.2619	0.9999	0.8606	0.9831
2	59	1.3441	0.9992	0.9494	0.9858
	70	1.3976	0.9971	0.9988	0.9924
	80	1.4513	0.9970	1.0352	0.9940
	95	1.5061	0.9945	0.9986	0.9832
	41	1.1498	0.9999	0.8625	0.9922
	52	1.2700	0.9985	0.9453	0.9656
3	63	1.3911	0.9997	0.9956	0.9989
	71	1.4007	0.9984	1.0571	0.9934
	83	1.4686	0.9988	1.1192	0.9916
	90	1.5119	0.9980	1.0362	0.9922

表 4.6　RPC200 的 A、B 值

$V_f/\%$	应变率/s^{-1}	A	A 的相关系数	B	B 的相关系数
	50	1.1431	0.9993	0.9285	0.9806
	64	1.2413	0.9992	0.9332	0.9930
0	75	1.2740	0.9993	0.9588	0.9958
	81	1.3005	0.9989	1.0208	0.9836
	95	1.4121	0.9969	1.0295	0.9913
	50	1.1452	0.9998	1.2095	0.9731
	66	1.2473	0.9983	1.2766	0.9695
3	74	1.2795	0.9981	1.3332	0.8551
	82	1.3112	0.9990	1.3893	0.8432
	93	1.4308	0.9992	1.4013	0.9541
	52	1.1561	0.9999	1.4982	0.9940
	63	1.2575	0.9991	1.5145	0.9388
4	72	1.2896	0.9983	1.5358	0.8725
	83	1.3549	0.9975	1.5671	0.9174
	91	1.4707	0.9975	1.5841	0.9298

　　由表可知,A、B 具有明确的物理意义。再通过非线性回归,SFRC 的 A 值与峰值强度 σ_0,以及 B 值与应变率 $\dot{\varepsilon}$ 有如下关系:

$$A = \frac{1}{A_1 + A_2 / \sigma_0 - 1} \qquad (4.35)$$

$$B = (-B_1 \dot{\varepsilon}^2 + 4\dot{\varepsilon}_0 \dot{\varepsilon} + B_2) \times 10^{-3} \qquad (4.36)$$

联立式(4.34)~式(4.36)得到本构方程的最终形式,通过拟合得到各系列 SFRC 的 A_1、A_2、B_1、B_2、M、N 值,见表 4.7。从表中可看出,材料强度越高,M 和 N 越大,结合本构方程的第一个式子 $\sigma_0 = M + N\lg(\dot{\varepsilon}/\dot{\varepsilon}_0)$ 可知,在冲击条件下,混凝土强度越高,其应变率敏感性更加明显。

表 4.7　SFRC 动态本构参数

类别	A_1	A_2	B_1	B_2	M	N
C40V$_0$	1.33	21.17	0.1104	20.74	57.69	46.27
C40V$_2$	1.23	26.38	0.1424	30.51	62.88	76.29
C40V$_3$	1.17	32.92	0.1491	50.01	67.25	84.30
C100V$_0$	1.13	84.34	0.1093	30.80	117.38	102.60
C100V$_2$	1.02	116.09	0.1445	54.87	140.18	117.32
C100V$_3$	1.01	133.02	0.1515	70.40	156.42	141.33
RPC200V$_0$	0.95	147.39	0.0955	80.81	158.67	116.82
RPC200V$_3$	0.72	243.47	0.1502	100.53	209.80	128.20
RPC200V$_4$	0.52	307.53	0.1612	130.87	224.74	139.80

以 C100 系列 SFRC 为例,对其峰值应力试验数据与本构理论强度曲线进行对比,以及实测的部分应力-应变曲线与本构理论曲线的对比,分别如图 4.25 和图 4.26 所示。从图中可以看出,本构模型基本上符合试验值与实测曲线。

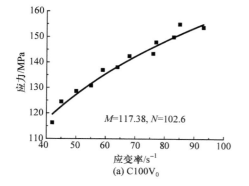
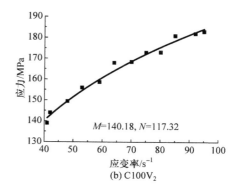

(a) C100V$_0$　　　　　　　　　　　　　　(b) C100V$_2$

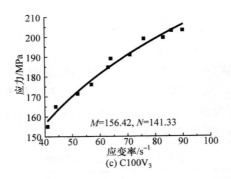

(c) C100V₃

图 4.25　C100 系列 SFRC 试验点与本构理论强度曲线的对比

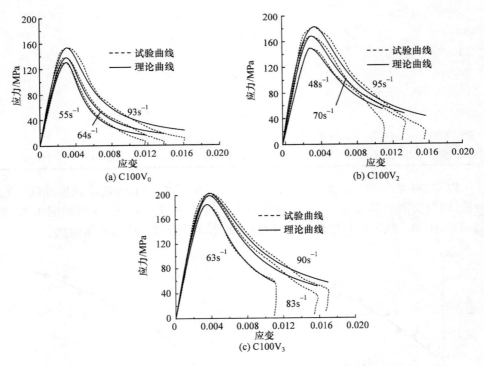

图 4.26　C100 系列 SFRC 试验曲线与理论曲线的对比

4.7　小　　结

（1）在 SHPB 冲击试验中，对于同一混凝土材料，随着子弹速度的增大，入射波、透射波与反射波的波峰逐渐增高；随着子弹速度的增大，当速度较低时（小于材料应变率敏感性阈值对应的子弹速度），透射波强度比反射波强度增长快；当速度较高时（大于材料应变率敏感性阈值对应的子弹速度），反射波强度比透射波强度增长快。对于同一子弹速度，试块材料强度越大，透射波的波峰越高，反射波的波峰越低；对于同一 SHPB 系统，入射波的波长相同，高度只与子弹速度有关。

（2）SFRC 是应变率敏感材料。C40 系列 SFRC、C100 系列 SFRC 与 RPC200 的应变率敏感性阈值分别为 $35s^{-1}$、$41s^{-1}$、$50s^{-1}$。当应变率小于该值时，测出的试块动态抗压强度小于其静态抗压强度，并且随着应变率的改变，峰值应力变化不大，冲击压缩后的试块无可见损伤；当应变率达到该值时，峰值应力达到或略超过静态强度，试块破坏；当应变率再提高时，峰值应力提高较快，材料应变率硬化效应明显。

C40 系列的 SFRC 从应变率敏感性阈值至 $90s^{-1}$ 区段，纤维体积率越高，随着应变率提高，峰值应力提高幅度越大。C100 系列 SFRC 与 RPC200 不完全如此，从应变率敏感性阈值至 $95s^{-1}$ 区段，C100V_0 与 C100V_2、C100V_3 峰值应力增长幅度相差不多，而 RPC200V_3 和 RPC200V_4 较 RPC200V_0 的增长幅度还要小一些。其原因在于 C100 与 RPC200 的应变率敏感性阈值比 C40 的高，从其阈值到 $95s^{-1}$ 仅是其应变率敏感区域的一个局部，未能测出其在更高应变率下的峰值应力；另一方面，同一阈值对应的 C100 系列 SFRC 与 RPC200 基准强度比其基体的大得多。

与静态力学性能类似，在冲击条件下，钢纤维对基体最显著的贡献是增韧。

（3）在同应变率条件下，SFRC 试块的破坏程度都要比同基体的普通混凝土轻得多。当应变率较高时，基体混凝土破坏形态为裂成多块或粉碎性破坏，而 SFRC"微裂而不散，裂而不断"。后者这种破坏形态机理一方面在于钢纤维的阻裂增韧和增强；另一方面，从应力波的角度分析，在试块内部大量的无规则分布的钢纤维形成了一个纵横交错的网状结构，有效地阻碍混凝土试块侧向的拉伸破坏。

（4）SFRC 在应变率为 $100s^{-1}$ 以内的动态本构方程如式（4.34）～式（4.36）所示，本构参数具有明确的物理意义，A 和 B 反映了应变率、钢纤维对其强度、弹性模量和韧性的影响，参数 M 和 N 则反映了材料应变率敏感性程度。与参考文献中的动态本构模型相比，本章模型的特点在于同时考虑了应变率和应变对材料应力的影响，可以计算出不同应变率与不同应变时的材料应力。

第 5 章　钢纤维混凝土抗冲击拉伸特性

　　人们对混凝土材料的动态力学性能研究主要集中于冲击压缩上,冲击拉伸方面的研究较少。原因主要在于以下两个方面:第一,混凝土材料拉压强度不对称,其准静态单轴抗拉强度和抗压强度比为 0.07～0.11,所以一般的工程设计中不考虑其抗拉强度,仅以其抗压强度作为设计标准;第二,混凝土材料的直接拉伸试验难度较大,试块的夹持设备会引入不可忽略的二次应力,间接的劈裂抗拉试验和三(四)点弯曲试验均为复杂应力状态,而且还存在应力均匀性问题。

　　在军事防护工程中,拉伸破坏是混凝土结构在爆炸和冲击荷载下的常见破坏形式。弹体在防护结构外表或层中爆炸时,防护结构中会产生峰值高、持续时间短的压缩脉冲荷载,压缩脉冲遇到结构内表面反射产生的拉伸波,能够造成大面积碎裂剥落。碎块高速飞溅,严重威胁掩体内部人员和设备安全。防护层内表面碎裂程度和碎块飞溅速度与材料的动态抗拉强度密切相关,因此军事防护工程混凝土材料的抗冲击拉伸性能研究具有重要意义。

　　混凝土类材料抗冲击拉伸性能的研究方法主要有冲击劈裂拉伸试验和层裂试验。本章介绍 C40 系列 SFRC、C100 系列 SFSC、RPC200 的冲击劈裂拉伸和层裂性能。

5.1　试验设备与原理

5.1.1　冲击劈裂拉伸

　　冲击劈裂抗拉的 SHPB 装置与冲击压缩基本上一致,只是混凝土试块旋转了90°,如图 5.1 所示。

　　国内外一些学者通过试验、理论研究或数值分析,不仅指出 SHPB 装置冲击劈裂拉伸试验中,试块内部的应力分布与静态的类似,还证明了冲击劈裂拉伸试验数据的有效性[287～290]。劈裂应力利用弹性力学半无限体集中力作用下的一点应力公式求解,如图 5.2 所示,即圆盘在一对大小相等、方向相对且过圆心的集中力作用下,圆心会产生垂直于该集中力的拉应力:

$$\sigma_x = \frac{2F}{\pi h d} \tag{5.1}$$

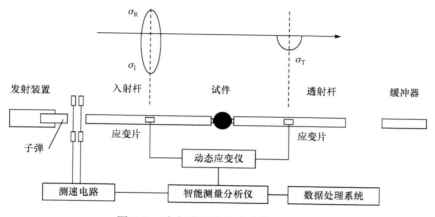

图 5.1　冲击劈裂拉伸试验装置示意图

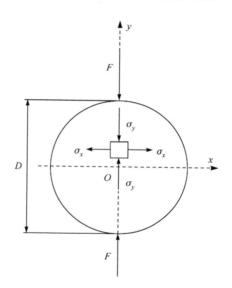

图 5.2　劈裂拉伸试验受力简图

$$\sigma_y = \frac{2F}{\pi h d}\left(1 - \frac{4d^2}{d^2 - 4y^2}\right) \tag{5.2}$$

式中, h、d 分别为试块的厚度和直径; F 为施加在试块上的力。

除力 F 作用点附近区域之外,圆盘中部将产生均匀的水平拉应力。由于混凝土的抗拉强度远低于其抗压强度,当拉应力达到混凝土抗拉强度时,试块沿垂直中面劈裂成两半,由此得到的抗拉强度为劈裂抗拉强度。SHPB 劈裂拉伸试验中,施加在试块上的力 F 可以利用透射波求得

$$F = \pi R^2 \sigma_T \tag{5.3}$$

式中，R 为 SHPB 杆的半径；σ_T 为透射波峰值。

5.1.2　层裂

层裂是由两条相向传播的卸载稀疏波相互作用引起的材料拉伸断裂。London 和 Quinney 于 1923 年第一次对混凝土的层裂问题进行了试验研究，混凝土试块尺寸为 $\phi76.2\text{mm}\times915\text{mm}$，利用炸药加载，试块碎成 5 段以不同速度飞出[291]。1966 年 Goldsmith 等采用钢珠撞击 $\phi12.7\text{mm}\times534\text{mm}$ 的混凝土试块，使之产生层裂，并提出在试验中需要考虑波形的弥散[292]。Watson 和 Sanderson 采用爆炸加载对 $\phi25\text{mm}\times1000\text{mm}$ 的混凝土试块进行了层裂试验，通过在试块上粘贴应变片来记录应力历史[293]。江水德等利用爆炸加载，比较了不同 V_f（1% 和 2%）的 SFRC 和普通混凝土的层裂强度和层裂破坏形式的差别[294]。从此之后，陶瓷、岩石和混凝土类材料的层裂研究较多采用 Hopkinson 杆装置。

层裂的 SHPB 装置则不需要透射杆和缓冲器，本章试验的层裂装置示意图如图 5.3 所示。

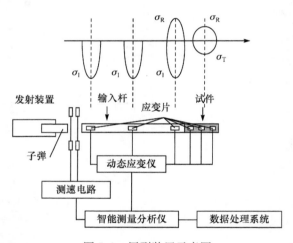

图 5.3　层裂装置示意图

混凝土的抗压强度比抗拉强度高一个数量级，当其承受某一强度的压应力波时未被破坏，但却不能承受同样强度的拉应力波。在层裂试验过程中，入射压力脉冲头部的压缩加载波在自由面反射为拉伸波后，再与入射压力脉冲波尾相互作用，拉伸波强度大于压缩波强度，则在试块中产生了拉应力。按照最大拉应力瞬时断裂准则，一旦拉应力 σ 达到或超过临界值 σ_t，即

$$\sigma \geqslant \sigma_t \tag{5.4}$$

试块将发生层裂，σ_t 为最小层裂强度。结合图 5.4，以一维三角波的传播与在自由面的反射为例，来对层裂问题加以说明。

图 5.4 中,粗黑线左端为物体,右端为自由面,水平线下面为压缩波,上面为拉伸波,波长为 λ,σ_m 为脉冲峰值,δ 为假设的层裂发生处至自由面的距离。从压力脉冲的反射开始,就同时发生了反射拉伸波与入射压缩波的相互作用,从而形成了净拉应力区,净拉应力的值在反射波的头部最大,并随反射的进行而增大,直到入射脉冲的一半被反射时达到最大。但在此之前,一旦满足式(5.4),就会发生层裂。

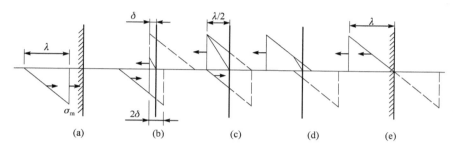

图 5.4　应力波的传播与在自由面的反射

当脉冲作为时间的函数,即以通过任一点的时程曲线 $\sigma(t)$ 来表示时,设取波头到达该点的时刻作为时间 t 的起点(此时 $t=0$),则如果在距自由表面 δ 处满足式(5.4)而发生层裂,有

$$\sigma(t)-\sigma\left(\frac{2\delta}{C_0}\right)=\sigma_c \tag{5.5}$$

式中,C_0 为波在杆中的传播速度。

对于图 5.4 中的三角形脉冲,$\sigma(t)$ 可表达为

$$\sigma=\sigma_m\left(1-\frac{C_0 t}{\lambda}\right) \tag{5.6}$$

则由式(5.5)可确定首次层裂的裂片厚度 δ_1 为

$$\delta_1=\frac{\lambda\sigma_c}{2\sigma_m} \tag{5.7}$$

发生层裂的时刻为反射开始后的 t_1 时刻:

$$t_1=\frac{\lambda\sigma_c}{2\sigma_m C_0} \tag{5.8}$$

层裂片的速度 v_f 可依据其动量等于陷入其中的脉冲冲量来确定:

$$v_f=\frac{1}{\rho_0\delta}\int_0^{\frac{2\delta}{C_0}}\sigma(t)\mathrm{d}t \tag{5.9}$$

式中，ρ_0 为物体的密度。将式(5.6)代入式(5.9)得

$$v_{\mathrm{f}} = \frac{2\sigma_{\mathrm{m}} - \sigma_{\mathrm{c}}}{\rho_0 C_0} \tag{5.10}$$

若 $|\sigma_{\mathrm{m}}| = \sigma_{\mathrm{c}}$，则层裂片厚度 $\delta_1 = \lambda/2$，裂片速度 $v_{\mathrm{f}} = \dfrac{\sigma_{\mathrm{m}}}{\rho_0 C_0}$，发生在自由面反射后 $t = \dfrac{\lambda}{2C_0}$ 时刻，并且压力脉冲的全部冲量都陷入层裂片中，不会发生多次层裂。若 $|\sigma_{\mathrm{m}}| > \sigma_{\mathrm{c}}$，则在一次层裂发生之后，压力脉冲未反射的剩余部分将在由层裂所形成的新自由表面发生反射，有可能发生下一次层裂。

从式(5.4)～式(5.10)可知，是否发生层裂、层裂片的速度与材料的动态抗拉强度有直接关系，材料动态抗拉强度越高，越不容易发生层裂，即使发生层裂，层裂片的速度也越小。

试验表明，断裂实际上不是瞬时发生的，而是一个以有限速度发展的过程。特别是在高应变率下，更呈现明显的断裂滞后现象。断裂的发生，不仅与作用应力的数值有关，还与该应力作用的持续时间有关。文献[274]建议按损伤积累准则来作为断裂准则，任意一点上 σ_{t} 满足式(5.11)时发生层裂。

$$\int_0^t (\sigma - \sigma_{\mathrm{t}})^a \mathrm{d}t = K \tag{5.11}$$

式中，a、K 为材料常数；σ_{t} 为材料发生层裂所需的最小应力，也就是材料的最小层裂强度。

关于 Hopkinson 杆装置试验中的脆性材料层裂强度的确定，国内外学者采用不同的方法，分述如下：

（1）根据 Hopkinson 杆的材料和试块材料的弹性波速，选择合适的子弹和试块的长度，使试块长度为 $2L_{\text{子弹}} C_{\mathrm{s}}/C_{\mathrm{H}}$，其中 $L_{\text{子弹}}$ 为子弹长度，C_{s} 和 C_{H} 分别为混凝土试块和 Hopkinson 杆的弹性波速，在层裂试验中，两卸载吸收波会在试块的中部相遇，从而在该处产生层裂，然后逐渐调整弹性波速直到试块发生层裂破坏，根据对应的弹性波速、Hopkinson 杆与试块材料的波阻抗，利用反射、透射定律得到透入试块内部的应力波幅值，由于按照一维波理论考虑，试块中的波为矩形波，材料的层裂强度即为透入试块内部的应力波强度[295,296]。

（2）在试块上粘贴应变片，测出试块拉伸应变的最大值，用拉伸应变最大值与弹性模量的乘积作为材料的层裂强度[297,298]。

（3）根据试块中的入射加载波形，不考虑波在试块中传播的变化，利用程序生成不同时刻试块内部的入射波和反射波的波系，依据最大拉应力断裂准则，由第一次层裂断面位置确定材料的层裂强度[299]。

（4）在 SHPB 装置中，用高聚物材料取代传统的金属材料透射杆，混凝土试块为细长杆，由于高聚物波阻抗比混凝土小，试块中压缩波在试块和吸收杆界面反射后形成拉伸波使试块产生层裂破坏，按照一维特征线理论，通过吸收杆上的应变波形确定混凝土材料的层裂强度[300]。

上述方法各有优缺点，目前国内外尚无关于混凝土层裂强度测度的统一或公认标准，本章试验首先尝试了方法（1）和（2），最终采用方法（1）。

5.2　钢纤维混凝土抗冲击拉伸试验结果

与冲击压缩试块同样的配合比，每种材料制作尺寸为 $\phi70\text{mm}\times35\text{mm}$ 的冲击劈拉试块和尺寸为 $\phi70\text{mm}\times500\text{mm}$ 的层裂试块各 12 个，如图 5.5 和图 5.6 所示。在试验中，通过调整子弹速度，测出材料的最小冲击劈裂抗拉强度和最小层裂强度。试块典型的劈裂拉伸应力时程曲线和层裂应力时程曲线分别如图 5.7～图 5.15、图 5.16～图 5.24 所示，冲击劈裂拉伸和层裂试验结果数据见表 5.1，表中带星号的为最小冲击劈裂抗拉强度和最小层裂强度。破坏形态如图 5.25～图 5.29 所示。

图 5.5　用于冲击劈裂拉伸试验的试块

图 5.6　用于层裂试验的试块

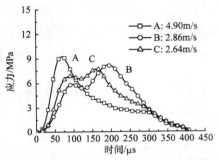

图 5.7　C40V_0 劈裂抗拉应力时程曲线

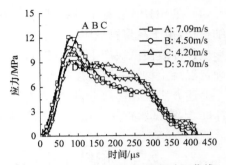

图 5.8　C40V_2 劈裂抗拉应力时程曲线

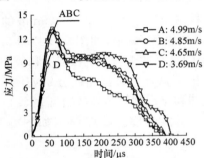

图 5.9　C40V_3 劈裂抗拉应力时程曲线

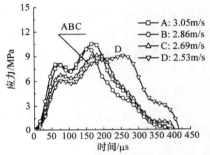

图 5.10　C100V_0 劈裂抗拉应力时程曲线

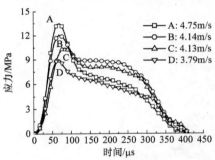

图 5.11　C100V_2 劈裂抗拉应力时程曲线

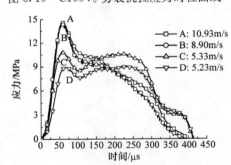

图 5.12　C100V_3 劈裂抗拉应力时程曲线

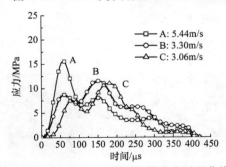

图 5.13　RPC200V_0 劈裂抗拉应力时程曲线

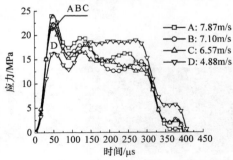

图 5.14　RPC200V_3 劈裂抗拉应力时程曲线

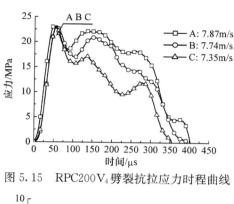

图 5.15　RPC200V₄ 劈裂抗拉应力时程曲线

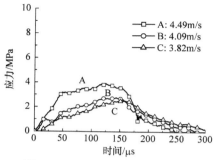

图 5.16　C40V₀ 层裂应力时程曲线

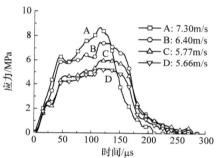

图 5.17　C40V₂ 层裂应力时程曲线

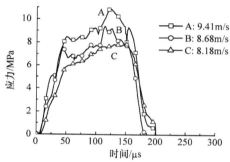

图 5.18　C40V₃ 层裂应力时程曲线

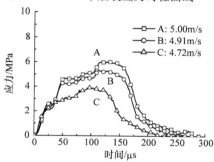

图 5.19　C100V₀ 层裂应力时程曲线

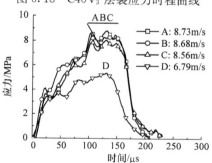

图 5.20　C100V₂ 层裂应力时程曲线

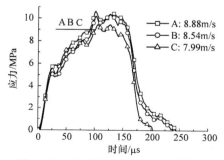

图 5.21　C100V₃ 层裂应力时程曲线

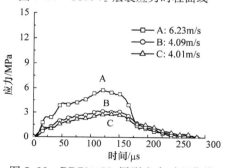

图 5.22　RPC200V₀ 层裂应力时程曲线

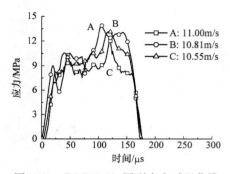

图 5.23　RPC200V₃ 层裂应力时程曲线

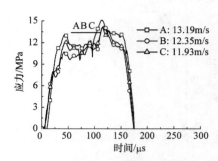

图 5.24　RPC200V₄层裂应力时程曲线

表 5.1　C40、C100 和 RPC200 系列 SFRC 动态拉伸试验数据

材料	冲击劈裂拉伸		层裂	
	打击速度/(m/s)	峰值应力/MPa	打击速度/(m/s)	峰值应力/MPa
C40V₀	4.90	9.27	4.49	3.94*
	2.86	8.22	4.09	2.77
	2.64	7.74*	3.82	2.52
C40V₂	7.90	12.08	7.30	8.69
	4.50	10.96*	6.40	7.48*
	4.20	10.22	5.77	6.03
	3.70	9.40	5.66	5.32
C40V₃	4.99	13.48	9.41	10.87
	4.85	13.02*	8.68	9.39
	4.65	13.01	8.18	7.89*
	3.69	10.58	—	—
C100V₀	3.05	10.57	5.00	6.03
	2.86	9.96	4.91	5.32*
	2.69	9.10*	4.72	3.93
	2.53	9.08	—	—
C100V₂	4.75	13.46	8.73	8.82
	4.14	12.07*	8.68	8.62*
	4.13	10.47	8.56	8.07
	3.79	9.02	6.79	5.37
C100V₃	5.33	14.67	8.88	10.62
	5.23	14.52*	8.54	10.34*
	3.69	10.93	7.99	9.44
	3.20	8.90	—	—

续表

材料	冲击劈裂拉伸		层裂	
	打击速度/(m/s)	峰值应力/MPa	打击速度/(m/s)	峰值应力/MPa
RPC200V₀	5.44	15.60	6.23	5.83*
	3.30	11.52*	4.09	3.18
	3.06	11.04	4.01	2.79
RPC200V₃	7.87	24.29	11.00	13.92*
	7.10	22.63*	10.81	13.17
	6.57	21.61	10.55	12.07
	4.88	18.95	—	—
RPC200V₄	7.87	23.25*	13.19	15.11
	7.74	23.18	12.35	14.26*
	7.35	22.94	11.93	14.12

*表示冲击劈裂抗拉强度。

图 5.25　RPC200V₀、RPC200V₃、RPC200V₄（从左到右）冲击劈裂抗拉破坏形态

图 5.26　RPC200V₀、RPC200V₃、RPC200V₄（从下至上）层裂破坏形态

(a) 普通混凝土　　　　　　　　　　　　　(b) 钢纤维混凝土

图 5.27　冲击劈裂抗拉试块破坏断面

(a) 普通混凝土　　　　(b) 钢纤维混凝土侧面　　　(c) 钢纤维混凝土断面

图 5.28　层裂试块破坏断面

图 5.29　相近打击速度下 C40V$_3$、C100V$_3$、RPC200V$_3$（从上至下）的破坏照片

5.3　试验结果分析

为了便于对比分析,将冲击劈裂抗拉强度、层裂强度和静态劈裂抗拉强度见表 5.2。

5.3.1　冲击劈裂抗拉强度与层裂强度的区别

从表 5.2 可以看出,使试块劈裂抗拉破坏的最小打击速度是使其层裂破坏的最小打击速度的 50%～70%,对应的层裂强度则是冲击劈裂抗拉强度的 50%～70%。

前者原因在于:劈裂抗拉试块夹在输入杆与透射杆之间,透射经过试块的波的强度大,而层裂试块仅与输入杆相靠,一旦受到打击,两者即分离,透射进入试块的波的强度较低;又因为在波传播方向,层裂试块的长度比劈裂抗拉试块的直径要大得多,波在层裂试块中经过透射和反射,衰减程度比其在劈裂抗拉试块中要大得多,因此必须有更高的子弹速度,才能保持拉伸波造成的拉应力超过材料抗拉强度,使试块发生层裂。

后者原因在于:一方面,劈裂抗拉试块远小于层裂试块,受尺寸效应的影响;另一方面,劈裂抗拉试块夹在两个钢杆之间,摩擦作用大,而层裂为纯拉伸,不受摩擦作用。两方面因素导致测试出的冲击劈裂抗拉强度大于层裂强度。

表 5.2　SFRC 冲击、静态拉伸性能

材料	冲击劈裂抗拉		层裂		静态劈裂抗拉强度 /MPa	层裂强度/冲击劈裂抗拉强度	冲击劈裂抗拉强度/静态劈裂抗拉强度
	打击速度 /(m/s)	强度 /MPa	打击速度 /(m/s)	强度 /MPa			
C40V$_0$	2.64	7.74	4.49	3.94	5.11	0.51	1.51
C40V$_2$	4.50	10.96	6.40	7.48	8.72	0.68	1.26
C40V$_3$	4.85	13.02	8.18	7.89	10.70	0.61	1.22
C100V$_0$	2.69	9.10	4.91	5.32	5.91	0.58	1.54
C100V$_2$	4.14	12.07	8.68	8.62	10.26	0.71	1.18
C100V$_3$	5.23	14.52	8.54	10.34	12.60	0.71	1.15
RPC200V$_0$	3.30	11.52	6.23	5.83	8.12	0.51	1.42
RPC200V$_3$	7.10	22.63	11.00	13.92	17.09	0.62	1.32
RPC200V$_4$	7.87	23.25	12.53	14.26	20.21	0.61	1.15

5.3.2　冲击劈裂抗拉强度与静态劈裂抗拉强度的区别

冲击劈裂抗拉强度是静态劈裂抗拉强度的 1.15～1.54 倍,而不像文献中所述的 2.4 倍乃至 12.6 倍[123,124],因为本试验测试出的只不过是试块破坏时的最小劈裂抗拉强度。

5.3.3　钢纤维对冲击拉伸性能的影响

V_f 对冲击拉伸性能的影响十分明显。$V_f=2\%$ 和 3% 的 C40 系列 SFRC 的冲击劈裂抗拉强度分别比基体提高 41.60％和 68.22％,层裂强度则提高 89.85％和 100.25％;V_f＝2％和 3％的 C100 系列 SFRC 的冲击劈裂抗拉强度分别比基体提高 32.64％和 59.56％,层裂强度则提高 62.03％和 94.36％;V_f＝3％和 4％的 RPC200 的冲击劈裂抗拉强度分别比基体提高 96.44％和 101.82％,层裂强度则提高 138.77％和 144.60％。这与静态拉伸力学性能有着共同的规律,即还是钢纤维对混凝土基体的阻裂增强作用。

5.3.4　钢纤维对冲击拉伸破坏形态的影响

试验表明,钢纤维的掺入使混凝土破坏形态由脆性转化为具有一定的韧性。

从图 5.25 可以看出,对于冲击劈裂拉伸试验,普通混凝土试块一般都碎裂成两个半圆状的大块和若干小块,大块的断裂面比较平直;SFRC 试块冲击之后能够保持一个整体,裂缝走向曲折。从图 5.26 也可以看出,对于层裂试验,普通混凝土试块一般断成两段以上,断裂面都比较平整;SFRC 试块则通常断成两段,断裂面凹凸不平。从上述破坏形态可以看出钢纤维的阻裂增韧作用。

对于层裂试验,普通混凝土试块一般断成两段以上,有的多达四段,该现象主要源于两种原因:第一,普通混凝土材料离散性较大,各截面抗拉强度不完全一致,致使在一个拉伸波范围内,试块多处达到或超过抗拉强度,多处同时断裂。第二,拉压损伤致使试块发生多次层裂,反射拉伸波产生的损伤导致第一次层裂后,陷在层裂段中的应力波在理论上无法使材料再次发生断裂(如果理论上假定材料强度恒定),但波在层裂段中来回反射的过程中,压缩损伤和拉伸损伤的共同作用,特别是拉伸损伤使得材料的性能再次弱化,使前一次的层裂段在较低的拉伸应力作用下发生再次和多次层裂,最后形成如同图 5.26 中普通混凝土试块的多段断裂现象。

在层裂试验过程中,与普通混凝土试块不同的是,SFRC 试块一般只断成两段,这也可以从两方面给予解释:第一,因为钢纤维与胶凝体紧密黏结,纤维彼此交叉搭接,SFRC 试块各处抗拉强度差异比普通混凝土试块小,通常只有拉伸波的波峰对应试块位置的拉应力造成试块开裂或断裂,所以试块只出现一个断裂面;第二,尽管和普通混凝土试块一样,SFRC 试块层裂破坏也是在反射拉伸波与加载压缩波的相互作用过程中完成的,但是由于试块首次层裂后,纵横交错的钢纤维阻止裂纹扩展,减缓试块损伤的发展,随钢纤维从混凝土基体中被拔出而能量被不断消耗,层裂段脱离母体试块的速度降低或出现层裂段无法与试块脱离的现象,从而保持了试块的基本完整性。

由图 5.25 和图 5.26 可以看出,V_f 越大,裂缝尺度越小。这与静态试验一样,V_f 越大,单位体积内纤维数量越多,纤维间距越小,从而阻裂效果越好。

由图 5.27 和图 5.28 可以看出,SFRC 试块断裂面上的纤维都是拔出,而非拔断,因此造成试块破坏的主要内部因素是胶凝基体与钢纤维之间的黏结强度,而不是钢纤维本身的抗拉强度。由图 5.29 还可以看出,在相近打击速度下,C40V$_3$、C100V$_3$ 和 RPC200V$_3$ 试块破坏情况有着非常明显的区别,C40V$_3$ 已经断成两段,C100V$_3$ 只有两条未闭合的环状裂缝,RPC200V$_3$ 则仅有一条更窄的裂纹。这进一步说明胶凝基体与钢纤维的黏结性状和黏结强度对材料的抗拉强度起着重要作用。

5.4　小　　结

（1）试验测出了最小劈裂抗拉强度和最小层裂强度。使试块劈裂抗拉破坏的最小打击速度是使其层裂破坏的最小打击速度的 50%～70%,对应的最小层裂强度则是最小冲击劈裂抗拉强度的 50%～70%。

（2）冲击劈裂抗拉强度是静态劈裂抗拉强度的 1.15～1.54 倍。

（3）钢纤维对冲击拉伸性能的影响十分明显。$V_f=2$% 和 3% 的 C40 系列 SFRC 的冲击劈裂抗拉强度分别比基体提高 41.60% 和 68.22%,层裂强度则提高 89.85% 和 100.25%；$V_f=2$% 和 3% 的 C100 系列 SFRC 的冲击劈裂抗拉强度分别比基体提高 32.64% 和 59.56%,层裂强度则提高 62.03% 和 94.36%；$V_f=3$% 和 4% 的 RPC200 的冲击劈裂抗拉强度分别比基体提高 96.44% 和 101.82%,层裂强度则提高 138.77% 和 144.60%。

（4）钢纤维对冲击拉伸破坏形态的影响也十分明显。对于冲击劈裂抗拉试块,当没掺钢纤维时,一般都碎裂成两个半圆状的大块和若干小块,大块的断裂面比较平直；SFRC 试块冲击之后能够保持一个整体,裂缝走向曲折。对于层裂试块,当没掺钢纤维时,一般断成两段以上,有的多达四段,与劈裂抗拉试块相似,断裂面都比较平整；SFRC 试块则通常断成两段,也有少数在断裂面附近主裂缝旁边出现次裂缝,断裂面凹凸不平,裂缝走向曲折。

（5）V_f 和钢纤维与胶凝基体界面黏结性状和黏结强度是影响破坏形态的重要因素。V_f 越高,裂缝尺度越小。SFRC 试块断裂面上的纤维都是拔出,而非拔断,可见在本章试验所用的纤维强度下,造成试块破坏的主要因素是胶凝体与钢纤维之间的黏结性状和黏结强度,而不是钢纤维本身的抗拉强度。

第6章 活性粉末混凝土高压状态方程

6.1 概　　述

军事防护工程的主要特点是承受高速冲击与爆炸作用,在这种强冲击荷载下,极高压力会造成材料特性发生显著改变。多年以来,混凝土材料在强冲击荷载下的响应是军事防护工程研究的重点。

材料在高压、高应变率加载的响应研究常常要借助流体动力程序,该程序主要建立在质量守恒、动量守恒和能量守恒三个方程上[301],即

$$\rho_0(D-u_0)=\rho_1(D-u_1) \tag{6.1}$$

$$P_0+\rho_0 D^2=P_1+\rho(D-u_1)^2 \tag{6.2}$$

$$E_0+0.5D^2=E_1+0.5(D-u_1)^2 \tag{6.3}$$

式中,ρ_0、P_0 和 E_0 分别为初始状态的材料密度、压力和内能;ρ_1、P_1 和 E_1 分别为冲击后的材料密度、压力和内能;u_0 和 u_1 分别为初始和冲击后的粒子速度;D 为冲击波速度。

在初始参数(P,ρ,E,u)及冲击波速度 D 已知的情况下,描述材料压力、密度和内能三者之间关系的方程,称为状态方程(equation of state,EOS)。

在低压力荷载下,材料的弹性部分应力-应变是线性关系,但在高压力荷载下,弹性模量和剪切模量都不再是常数,而是随压力的变化而变化。此时,固体材料可以看成无黏性可压缩的流体,材料抵抗变形的能力忽略不计,只需考虑体积变化的影响,因而状态方程就简化成压力与体积应变或比容之间的关系,称为高压状态方程。

高压状态方程属于材料在极端条件下的性能研究,主要应用于陨石撞击地球、装甲与穿甲、武器战斗部等领域。20世纪中叶,美国、苏联曾用炸药爆轰等方法获得太帕级、吉帕级压力来进行材料的高压性能研究,之后逐渐采用轻气炮装置。目前,我国有轻气炮装备的有国防科技大学、西北核技术研究所、广州大学等。出于测试技术的考虑,轻气炮测试对象的厚度通常不超过10mm,一般为很薄(毫米级)的金属。但对普通混凝土试块来说,"很薄"很难称之为混凝土。本书选择的RPC200由于不含粗骨料,最大粒径尺寸不超过3mm,为此RPC200试块厚度选取10mm,既能反映材料性能,又符合轻气炮测试技术要求。

计算物质高压状态方程时,不同物质在不同状态时采用的物理模型和处理方法也不尽相同。在计算物质状态方程之前,必须进行一系列准备工作,例如,对物质材料进行分类、收集试验数据以及对物质的状态区域进行划分,选取适当的理论模型和计算方法等。这些准备工作对计算物质的状态方程来说都是十分重要的[302]。

物质的状态通常分为:①冲击压缩区、②高温低密度区、③高温区、④高密度区、⑤弹塑性区等五个区域,五个区域的压强-温度平面如图 6.1 所示。图中,P' 为压强,单位 GPa;kT 为费米能,单位为 eV(电子伏特)。

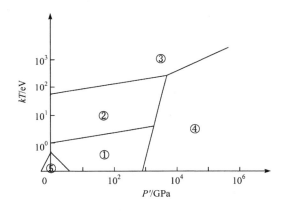

图 6.1　压强-温度平面上的状态分区示意图

本书研究 RPC200 的高压状态属于第一区——冲击压缩区。第一区为正常状态区,该区域的压强范围是 10^5 Pa(常压)~1TPa,温度范围是 300K(室温)~10^4 K,密度范围是常态密度至 3~4 倍常态密度。由于固体在该区域内存在点阵结构,为此,在处理该区域固体的高压状态方程时,可以采用点阵振动模型,将系统的压强和内能用解析形式来表示。

6.2　试验设备及测试原理

6.2.1　一级轻气炮的组成

一级轻气炮是用轻质气体替代火药气体的弹丸发射装置,世界上第一门一级轻气炮[303]由美国于 1946 年研制而成。它的主体部分由高压气室、释放机构、发射管、注气系统、靶室及回收筒等组成。释放机构在高压气室内,发射管的出口伸进靶室内。靶室是供碰撞试验用的一个大容器,试验信息从靶室窗口输出,用光学或电子学等方法传输到靶室外的记录系统。

测试原理:首先把弹丸装在释放机构后的发射管入口处,待试验准备工作完成后,对气室抽真空,然后对靶室抽真空,达到要求的真空度后停泵。然后接通高压气源,向气室注气,直至达到指定压强。最后快速打开释放机构,使高压气体直接作用在弹丸底部,加速弹丸,直到飞出炮口。该装置主要用于研究材料的动态响应特性,具有弹丸速度可精密调整、飞片飞行平稳、数据重复性好、测量结果精度高等特点[304]。

一级轻气炮组成部分主要用途和具体要求如下。

1)发射管

发射管主要是为弹丸提供飞行的管道,通常采用滑膛炮管,保证弹丸在光滑的管道内飞行,基本上不会发生旋转。特别需要时,可在管壁上沿弹丸飞行轴线方向开一条直线槽,弹丸在其镶键的约束下沿直线槽飞行。

一级轻气炮工作压强通常不超过30MPa,一般钢材都可满足耐压要求。从使用寿命和不易生锈考虑,人们常选用炮钢材料制造发射管。发射管的长度通常设计为口径的 100～200 倍[303,305]。本书试验所用的一级轻气炮采用口径 100mm、长 14m 的炮钢材料发射管。

2)气室和释放机构

高压气室内含有释放机构。气室容积由弹道计算确定,气室内径一般是发射管内径的 4～5 倍。释放机构主要起隔离气体和迅速开启的作用,注气时它应保证气体不向发射管端泄漏,放气时它能迅速打开,使高压气体立即作用到弹丸底部。

一级轻气炮的释放机构采用的是双破膜式释放机构(图 6.2),膜片采用工业纯铝板材质。由于纯铝板具有很好的延展性,因此膜片的抗破裂压力比较稳定。

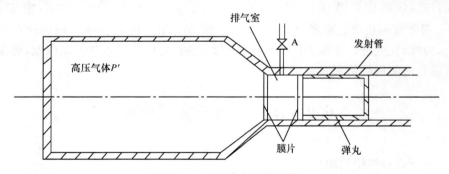

图 6.2　双破膜式释放机构

双破膜式释放机构工作原理如图 6.2 所示。在试验过程中,假设气室内驱动弹丸运动的预定工作压强为 P',为了减轻左边膜片所承受的高压,首先在双膜间的排气室注入 $P'/2$ 的高压气体,然后将高压气室注至 P'。此时,两个膜片两侧均受到 $P'/2$ 的压强差,而两个膜片的破裂压力都大于 $P'/2$、小于 P',因此两膜片不会破裂。当一级轻气炮发射时,将双膜之间的 A 阀门打开,双膜之间排气室的压强迅速下降,致使左边膜片受到的压强剧增,瞬间超过膜片的破裂压强而立即破裂,同时高压气体瞬间进入排气室内使得右边的膜片破裂,于是高压气体迅速进入发射管内推动弹丸发射。

3) 注气系统

对弹丸速度要求不高,如弹丸速度低于 500m/s 的一级轻气炮,可以不要注气系统,用气瓶经减压阀充入气室即可。如要求弹丸速度为 1km/s 左右运行的一级轻气炮,注气系统就必不可少了。

注气系统用来提供推动弹丸发射的压力,主要由压缩机、储气罐以及输送管道三个部分构成。注气系统提供试验所需的空气或氢气,并可在使用氢气后用氮气对炮腔进行冲洗。

4) 靶室和回收筒

靶室是撞击试验完成的场所,是发射系统、试块安装支撑系统、试验现象观测测量系统、抽真空系统和氢气排放系统的汇合点,分为活动段和固定段两部分,如图 6.3~图 6.5 所示。固定段是连接上述各系统的主体,用地角螺栓与基础连接,抽气和排气系统管道从顶部接入,测试窗口开在侧面。活动段是一个较大容积的后盖箱体,它与固定段结合后才能抽真空,在它的中心轴线上安装有吸能器或回收筒,如图 6.6 所示,回收筒主要用来收集试验中冲击碰撞后的破碎体以及吸收气体发射后的剩余能量,以免这些细小的破碎体直接撞击到靶室壁上面,造成靶室壁破坏。

图 6.3 靶室   图 6.4 靶室固定部分   图 6.5 试块安装支撑系统

6.2.2 飞片速度测量

一级轻气炮中装在炮口的电探针(又称刷子探针,如图 6.6 所示)用来测试飞片(弹丸)的初始速度。在试验过程中,当弹丸依次通过三组电探针时,与电探针连接的 KD207-2C 测速仪产生三组脉冲信号,Tek3014B 数字存储示波器记录这些信号,如图 6.7 所示,图 6.7 中 ch1、ch2、ch3 通道信号的下降分别对应三组电探针的接通时刻,通过判读时间间隔 Δt,按照式(6.4)即可计算出飞片速度 $u_{飞}$(三组电探

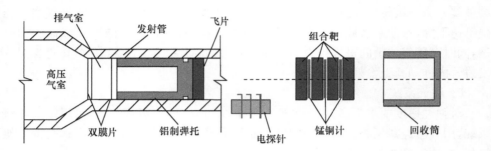

图 6.6　一级轻气炮试验装置及测试系统示意图

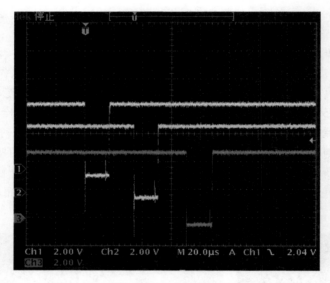

图 6.7　电探针测量飞片速度原始记录信号

针之间的间距 Δs 已知）。

$$u_{\text{飞}} = \frac{\Delta s}{\Delta t} \tag{6.4}$$

式中，Δs 和 Δt 分别为电探针间距和测得的时间间隔。

6.2.3　冲击波压力测量

　　一维应变下的冲击波压力通常由锰铜计来测试。图 6.8 为飞片撞击组合靶板的波系图，从图中可以看出，组合靶板中锰铜计的压力信号确定后，即可计算靶板材料中的冲击压力幅值。

　　本书试验中量计采用锰铜计，如图 6.9 所示。该传感器阻值为 50Ω，传感器的电阻变化与压力之间的关系式为

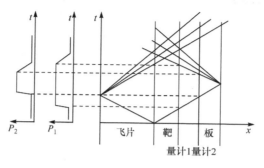

图 6.8　飞片撞击组合靶板的波系图

$$\sigma' = (0.03252 \pm 0.0679) + (40.2733 \pm 0.4164)\left(\frac{\Delta R}{R'}\right), \quad 1.5\text{GPa} \leqslant \sigma' \leqslant 12.67\text{GPa}$$

$$\sigma' = (0.0014 \pm 0.0055) + (51.4697 \pm 0.2773)\left(\frac{\Delta R}{R'}\right), \quad 0 \leqslant \sigma' \leqslant 1.5\text{GPa}$$

$$(6.5)$$

式中,σ' 为靶片上的压力(GPa);R' 为传感器电阻(Ω);ΔR 为根据压力信号计算出来的电阻变化(Ω)。

图 6.9　50Ω 传感器实物照片

传感器电阻的变化通过示波器监控传感器两端的电压变化得出,图 6.10 为采

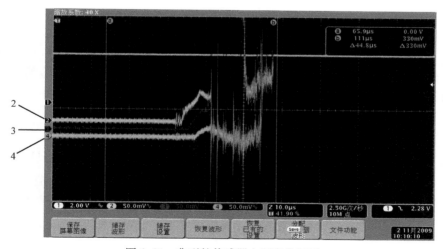

图 6.10　典型的传感器电压变化记录

用恒压源设备时的典型传感器电压变化记录曲线,图中三条曲线分别记录了传感器 2、3、4 上的电压变化情况。

6.3　试　验　设　计

6.3.1　飞片、靶片尺寸设计

由于实际试块的横向尺寸不是无限大,当平面冲击波进入靶板后,在试块侧边的自由面上将发生侧向膨胀现象。该现象对靶板内的平面冲击波产生稀疏扰动,并以声速的形式向试块内部传播,导致到达区域冲击波的强度发生衰减,破坏一维应变波的特性,并使原来的平面冲击波阵面变弯。因此,在设计靶板时必须使传感器测量点不受稀疏波的影响。

试块中侧边稀疏影响范围如图 6.11 所示。当冲击波阵面以速度 D 传播时,在其侧边自由面 OA 上将产生稀疏扰动。在粒子速度 u 矢量端上以声速 C 为半径画一圆弧,圆弧与冲击波阵面的交点就是侧边稀疏扰动对冲击波阵面影响的边界点,OB 线及其延长线就是冲击波传播过程中侧边稀疏扰动的影响边界。

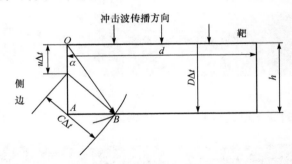

图 6.11　靶板侧边稀疏影响范围示意图

图 6.11 中,d 和 h 分别为靶片的直径与厚度。OA 与 OB 的夹角 α 称为卸载角,计算方法见式(6.6),在该范围内不布置传感器。

$$\tan\alpha = \frac{\sqrt{C^2+(D-u)^2}}{D} \tag{6.6}$$

对本次试验的 RPC200 试块来说,假设波速 $D=$ 声速 C(实际上 $D>C$),则 $\tan\alpha$ 的上限趋于 $\sqrt{2}$。由于图 6.11 中 OAB 区域为侧边稀疏影响范围,把不受侧边稀疏影响的范围换算成靶片的宽厚比(直径与厚度之比),则式(6.6)变为 $\tan\alpha = \frac{d/2}{h}$,推导得出 $\frac{d}{h} \approx 2.82$,即靶片直径与厚度之比不应小于 2.82。试验中选取直径

92mm、厚度 8mm 的靶片,则 4 个靶片总厚 32mm 左右,满足宽厚比的要求。

另外,飞片与靶片碰撞后,飞片内传播的冲击波到达飞片界面时,又将反射一个中心稀疏波。这个中心稀疏波传入靶内,最终将追上靶内的冲击波阵面,并引起该冲击波强度的下降。显然,测量靶中冲击波速度的探针应该布置在中心稀疏波尚未赶上靶中冲击波阵面的距离之内。试验中选取的飞片厚度为 10mm,而前 3 片靶片的总厚度只有 24mm,这个条件可以满足。

6.3.2　弹靶安装设计

试验采用对称碰撞,为避免金属弹托对 RPC200 飞片与靶片撞击时的影响,特设计了镂空铝制弹托,如图 6.12 所示。

在试验过程中,4 个靶片按顺序编号,并依次用环氧树脂胶粘结到一起,同时将 3 个锰铜压力传感器分别埋植于每两个靶片之间。4 个靶片粘结牢固后通过环氧树脂固定于靶环中,如图 6.13 所示,固定好后的靶板、靶环安装在靶室回收仓内,如图 6.14 所示。

图 6.12　飞片与弹托安装实物图

图 6.13　靶片固定实物图

(a) 背面视图

(b) 正面视图

图 6.14　靶板安装在靶室的实物图

选取 RPC200V$_0$、RPC200V$_1$、RPC200V$_3$、RPC200V$_5$ 四种材料,采用一级轻气炮对每种材料进行 5 次不同速度的冲击试验,每次试验需 1 个飞片和 4 个靶片(飞片和靶片材料相同),靶片尺寸为 ϕ92mm×8mm,飞片尺寸为 ϕ92mm×10mm。轻气炮的每一次发射过程,称为"一发试验",为此在后续内容中,每种材料的 5 次试验编号分别记为第一发、第二发、…、第五发。

6.4　试验过程与结果

6.4.1　试验过程

试验准备工作完成后,首先,把轻气炮的气室抽成真空,然后把靶室抽成真空,当气室和靶室达到规定的真空度后停泵。然后,接通高压气源,向气室内注气至指定压力。最后,进行发射,通过释放机构的快速打开,使气体的压力直接作用于弹丸的底部,对弹丸进行加速,直到飞出炮口,经过发射管加速后,飞片与靶片发生碰撞。

6.4.2　试验结果

表 6.1~表 6.4 为各系列 RPC200 的轻气炮冲击试验参数及加载测试数据结果,其中飞片速度 $u_飞$ 的范围为 200~700m/s,图 6.15~图 6.31 为各系列 RPC200 靶片间的压力时程曲线,图 6.32 和图 6.33 为试块典型的破坏形态。

表 6.1　RPC200V$_0$ 相关参数及加载测试数据结果

| 试验编号 | 试块 | 试块尺寸/mm | | 飞片速度 $u_飞$ /(m/s) |
		直径	厚度	
第一发	飞片	91.74	10.13	327.6
	靶片 1	91.78	7.81	
	靶片 2	91.60	7.95	
	靶片 3	91.82	7.83	
	靶片 4	91.48	7.86	
第二发	飞片	91.68	10.04	477.2
	靶片 1	91.42	8.06	
	靶片 2	91.46	7.96	
	靶片 3	91.48	7.93	
	靶片 4	91.42	7.99	

续表

试验编号	试块	试块尺寸/mm		飞片速度 $u_{飞}$ /(m/s)
		直径	厚度	
第三发	飞片	91.72	10.03	242.8
	靶片1	91.70	8.27	
	靶片2	91.68	7.74	
	靶片3	91.72	8.03	
	靶片4	91.90	8.16	
第四发	飞片	91.88	9.55	549.0
	靶片1	91.62	7.98	
	靶片2	91.80	7.75	
	靶片3	91.60	7.91	
	靶片4	91.64	7.79	
第五发	飞片	91.68	9.34	692.6
	靶片1	91.64	7.71	
	靶片2	91.60	8.13	
	靶片3	91.68	7.71	
	靶片4	91.68	8.22	

表 6.2   RPC200V$_1$ 相关参数及加载测试数据结果

试验编号	试块	试块尺寸/mm		飞片速度 $u_{飞}$ /(m/s)
		直径	厚度	
第一发	飞片	91.65	9.65	321.1
	靶片1	91.70	7.98	
	靶片2	91.28	8.08	
	靶片3	91.20	8.05	
	靶片4	91.26	7.91	
第二发	飞片	91.60	9.88	477.1
	靶片1	91.38	7.76	
	靶片2	91.72	7.83	
	靶片3	91.20	7.61	
	靶片4	91.36	7.59	

试验编号	试块	试块尺寸/mm		飞片速度 $u_飞$ /(m/s)
		直径	厚度	
第三发	飞片	91.62	10.09	639.1
	靶片 1	91.66	7.50	
	靶片 2	91.76	7.86	
	靶片 3	91.73	7.36	
	靶片 4	91.76	7.77	

表 6.3　RPC200V₃ 相关参数及加载测试数据结果

试验编号	试块	试块尺寸/mm		飞片速度 $u_飞$ /(m/s)
		直径	厚度	
第一发	飞片	91.70	10.15	204.1
	靶片 1	91.68	8.20	
	靶片 2	91.68	7.83	
	靶片 3	91.68	7.83	
	靶片 4	91.70	8.04	
第二发	飞片	91.70	9.99	317.6
	靶片 1	91.56	7.88	
	靶片 2	91.60	8.07	
	靶片 3	91.58	8.05	
	靶片 4	91.74	8.02	
第三发	飞片	91.76	9.89	433.6
	靶片 1	91.62	7.85	
	靶片 2	91.66	7.71	
	靶片 3	91.62	7.93	
	靶片 4	91.60	7.99	
第五发	飞片	91.78	9.49	674.4
	靶片 1	91.82	7.74	
	靶片 2	91.74	8.06	
	靶片 3	91.70	7.79	
	靶片 4	91.90	7.95	

表 6.4　RPC200V$_s$ 相关参数及加载测试数据结果

试验编号	试块	试块尺寸/mm		飞片速度 $u_飞$ /(m/s)
		直径	厚度	
第一发	飞片	91.78	10.03	
	靶片 1	91.74	7.75	
	靶片 2	91.78	8.01	212.3
	靶片 3	91.78	7.95	
	靶片 4	91.88	8.09	
第二发	飞片	91.82	9.93	
	靶片 1	91.78	8.01	
	靶片 2	91.78	7.93	324.4
	靶片 3	91.78	7.82	
	靶片 4	91.82	7.69	
第三发	飞片	91.78	9.87	
	靶片 1	91.70	7.95	
	靶片 2	91.84	7.96	427.1
	靶片 3	91.90	8.22	
	靶片 4	91.74	7.86	
第四发	飞片	91.76	9.88	
	靶片 1	91.90	7.80	
	靶片 2	91.84	7.90	656.1
	靶片 3	91.76	7.86	
	靶片 4	91.70	8.30	
第五发	飞片	91.80	9.67	
	靶片 1	91.58	8.08	
	靶片 2	91.72	8.05	526.3
	靶片 3	91.68	7.77	
	靶片 4	91.72	7.89	

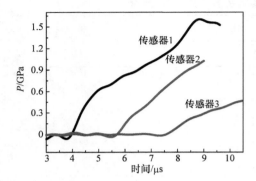

图 6.15　RPC200V$_0$ 压力时程曲线
($u_子 = 327.6\text{m/s}$)

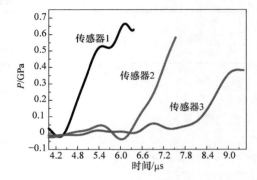

图 6.16　RPC200V$_0$ 压力时程曲线
($u_子 = 477.2\text{m/s}$)

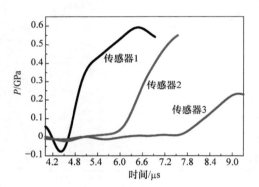

图 6.17　RPC200V$_0$ 压力时程曲线
($u_子 = 242.8\text{m/s}$)

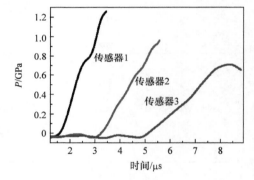

图 6.18　RPC200V$_0$ 压力时程曲线
($u_子 = 549.0\text{m/s}$)

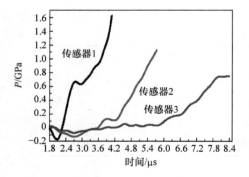

图 6.19　RPC200V$_0$ 压力时程曲线
($u_子 = 692.6\text{m/s}$)

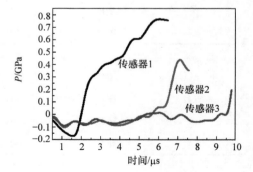

图 6.20　RPC200V$_1$ 压力时程曲线
($u_子 = 321.1\text{m/s}$)

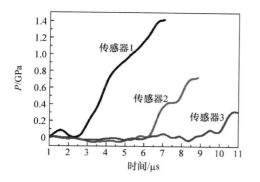

图 6.21 RPC200V₁ 压力时程曲线
($u_飞 = 477.1$m/s)

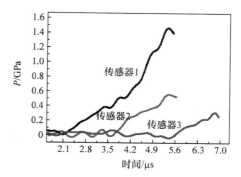

图 6.22 RPC200V₁ 压力时程曲线
($u_飞 = 639.1$m/s)

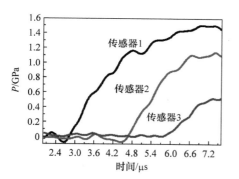

图 6.23 RPC200V₃ 压力时程曲线
($u_飞 = 204.1$m/s)

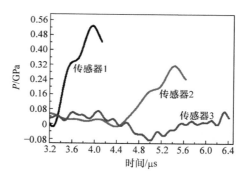

图 6.24 RPC200V₃ 压力时程曲线
($u_飞 = 317.6$m/s)

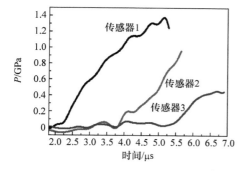

图 6.25 RPC200V₃ 压力时程曲线
($u_飞 = 433.6$m/s)

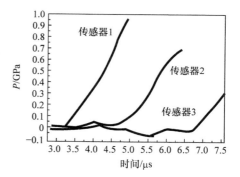

图 6.26 RPC200V₃ 压力时程曲线
($u_飞 = 674.4$m/s)

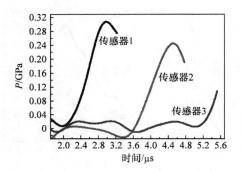

图 6.27　RPC200V$_5$ 压力时程曲线
$(u_{飞}=212.3\mathrm{m/s})$

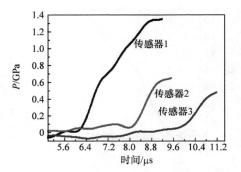

图 6.28　RPC200V$_5$ 压力时程曲线
$(u_{飞}=324.4\mathrm{m/s})$

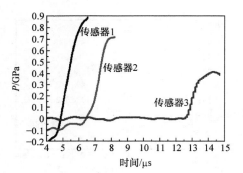

图 6.29　RPC200V$_5$ 压力时程曲线
$(u_{飞}=427.1\mathrm{m/s})$

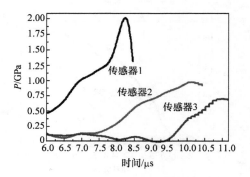

图 6.30　RPC200V$_5$ 压力时程曲线
$(u_{飞}=656.1\mathrm{m/s})$

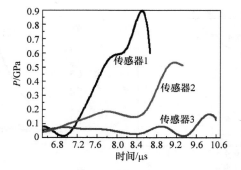

图 6.31　RPC200V$_5$ 压力时程曲线
$(u_{飞}=526.3\mathrm{m/s})$

(a) 204.1m/s　　　(b) 317.6m/s　　　(c) 433.6m/s　　　(d) 674.4m/s

图 6.32　RPC200V$_3$ 试块的破坏形态

(a) RPC200V$_0$　　(b) RPC200V$_5$　　(c) RPC200V$_5$　　(d) RPC200V$_5$
($u_飞$=242.8m/s)　($u_飞$=324.4m/s)　($u_飞$=427.1m/s)　($u_飞$=526.3m/s)

图 6.33　RPC200V$_0$ 和 RPC200V$_5$ 试块的破坏形态

6.5　试验结果分析

6.5.1　波形分析

RPC200V$_0$ 获得有效试验数据 5 组,飞片速度范围为 242.8～692.6m/s,由图 6.15～图 6.19 可以看出,五发试验所获得飞片冲击靶片的压力时程曲线均较清晰,曲线的起跳点位置和上升段明显,容易确定基线起跳点的坐标。

RPC200V$_1$ 获得有效试验数据 3 组,飞片速度范围为 321.1～639.1m/s,由图 6.20～图 6.22 可以看出,五发 RPC200V$_1$ 冲击试验中,第一、二、三发的靶片压力时程曲线均较清晰,曲线的起跳点位置和上升段明显,容易确定基线起跳点的坐标。而第四、五发试验起跳点不明显,很难确定曲线的起跳点坐标,可能是压力传感器未和靶片充分接触的缘故。

RPC200V$_3$ 获得有效试验数据 4 组,飞片速度范围为 204.1～674.4m/s,由图 6.23～图 6.26 可以看出,五发 RPC200V$_3$ 试验中,第一、二、三、五发的靶片压力时程曲线均较清晰,曲线的起跳点位置和上升段明显,容易确定基线起跳点的坐标。而第四发试验没能获取到信号,可能是电流干扰信号的缘故。

RPC200V$_5$ 获得有效试验数据 5 组,飞片速度范围为 212.3～656.1m/s,由

图 6.27~图 6.31 可以看出,五发 RPC200V$_5$ 试验中,第一、二、三、五发所获得靶片的压力时程曲线均较清晰,曲线的起跳点位置和上升段明显,容易确定曲线的起跳点坐标。第四发压力时程曲线中的三条曲线在起跳之前均有所波动,可能是在飞片撞击靶片之前四片靶片共同受到干扰所致。鉴于其波动是四片靶片组成的靶体整体造成的,并不干扰对曲线基线方程和起跳点坐标的确定,因此该发试验数据记为有效。

6.5.2　拉格朗日分析

冲击作用下 RPC200 在不同位置的应力与应变关系是研究 RPC200 本构关系的基础。然而,在轻气炮试验中,不同位置的应力与应变关系曲线不是简单可以得到的,通常的方法是对应力时程曲线进行拉格朗日分析[306~308]。

拉格朗日分析方法是通过拉格朗日传感器(本书采用锰铜计)的记录来计算惰性材料(在冲击试验过程中不发生化学反应的材料)在冲击波作用下流场分布的一种普遍性方法。该方法利用试验测得的一组时程曲线,通过对动量方程、连续性方程、能量方程分别积分,求得流场中的质点速度时程曲线、比容时程曲线、内能时程曲线以及比内能时程曲线,再通过拉格朗日分析方程求得应力-应变关系曲线。拉格朗日分析方法是将轻气炮冲击试验、理论模型和数值仿真三者联系起来的重要工具。

其中,对于一维流场,有质量、动量、能量守恒方程式(6.7)~式(6.9):

$$u_0 - u_1 = \nu_0 \int_\tau^t \left(\frac{\partial p}{\partial t} \right)_t \mathrm{d}t \tag{6.7}$$

$$\nu_0 - \nu_1 = \int_\tau^t \left(\frac{\partial u}{\partial h} \right)_t \mathrm{d}t \tag{6.8}$$

$$E_0 - E_1 = \nu_0 \int_\tau^t p \left(\frac{\partial u}{\partial h} \right)_t \mathrm{d}t \tag{6.9}$$

式中,ν_0、E_0 分别为初始状态的材料比容、内能;ν_1、E_1 分别为冲击后的材料比容、内能;u_0 和 u_1 分别为初始状态和冲击后的粒子速度;p、t、h 分别为压力、时间、坐标;积分符号内的括号右侧下标 t 为沿等时线积分。

由于沿等时线积分会导致流场信息丢失,在实际计算中通常采用路径线法,包括径线和迹线。将各条压力时程曲线上具有相似特性的点[309](用传感器记录到各波形的特征点,如弹性波终点、塑性波波峰点、卸载起点和终点)用光滑曲线连接起来,这些曲线就是径线。迹线则是指锰铜计记录参数(这里指压力)随时间的变化曲线[310]。锰铜计埋在 RPC200 试块之间,因此假设锰铜计与 RPC200 有相同的运动轨迹。

将等时线积分转换为对径线和迹线的积分,结果见式(6.10)和式(6.11)。

$$\left(\frac{\partial p}{\partial h}\right)_t = \left(\frac{\mathrm{d}p}{\mathrm{d}h}\right)_{\mathrm{j}} - \left(\frac{\partial p}{\partial t}\right)_{\mathrm{h}}\left(\frac{\mathrm{d}t}{\mathrm{d}h}\right)_{\mathrm{j}} \tag{6.10}$$

$$\left(\frac{\partial u}{\partial h}\right)_t = \left(\frac{\mathrm{d}u}{\mathrm{d}h}\right)_{\mathrm{j}} - \left(\frac{\partial u}{\partial t}\right)_{\mathrm{h}}\left(\frac{\mathrm{d}t}{\mathrm{d}h}\right)_{\mathrm{j}} \tag{6.11}$$

式中，下标 h、j 分别表示径线和迹线积分。

由于压力时程曲线（即 $p(t)$ 曲线）积分和路径线积分过程中，如由式（6.7）～式（6.9）计算得到质点速度时程曲线 $u(t)$、比容时程曲线 $\nu(t)$ 和比内能 $E(t)$ 时程曲线的过程，以及式（6.10）和式（6.11）沿迹线的积分和沿径线的积分过程，均没有做其他任何假设，因此误差的来源主要是试验和曲线拟合。由于曲线采用三次 B 样条函数做最小二乘法拟合，使局部扰动的影响控制在较小的范围内，不会扩展到全流场。

6.5.3　活性粉末混凝土的压力时程曲线与应力-应变关系分析

为了便于比较，根据冲击速度相近的 RPC200V_0（$u_飞 = 327.6\mathrm{m/s}$）和 RPC200V_5（$u_飞 = 324.4\mathrm{m/s}$）压力时程曲线，描绘出不同位置处的压力峰值曲线，试验结果如图 6.34 所示。该图表明，在冲击的初始阶段，两种 RPC200 压力峰值几乎是相等的，只是随着冲击波的传播，RPC200V_5 的压力衰减明显要少于 RPC200V_0。

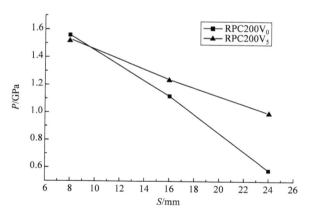

图 6.34　不同位置压力峰值曲线

按照拉格朗日方法求得对应的应力-应变关系曲线（图 6.35）。图中实线和虚线分别是 RPC200V_0、RPC200V_5 的应力-应变曲线，每种材料有三条曲线，自上至下分别对应于图 6.36 中自左到右的 3 个锰铜计的测试数据。

由图 6.35 可以看出，同一位置处的应力峰值对应的应变增大，只是由于冲击波的衰减，在较远处不是很明显。

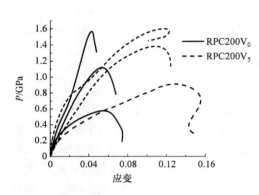

图 6.35　RPC200 应力-应变关系曲线

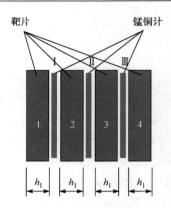

图 6.36　组合靶中靶片和锰铜
计位置示意图

　　混凝土在静荷载与动荷载下的性能不同。混凝土的强度和模量在某一应变率范围内会随着动态加载速率的增加而迅速提高,并且增加的比例因受拉和受压等受力方式不同而有所区别。通常由动态强度提高因子 DIF 来定量描述这种强度增长程度。

　　为了克服试块中应力波传播和轴向惯性力效应的影响,通常利用分离式 SHPB 试验装置对材料动态本构关系进行研究,因为该装置的原理和构造特点可以忽略试块中的应力波传播效应,并且采用平均应力-应变(直接测量输入杆和输出杆应变)来研究试验对象的应变率效应。而其他的高速冲击试验,如落锤试验,轴向惯性力和应力波传播效应由于无法确保精度而主观忽略或者仅近似处理。因此受关注更多的仍然是 SHPB 试验。然而,SHPB 试验的应变率较低,对于高应变率问题[311~313],仍然需要通过轻气炮试验。

　　混凝土的动态强度究竟是一种材料特性还是一种结构效应?目前尚无定论。根据图 6.37 试块的动态效应机理可以看出,动态效应可以由动态强度提高因子 DIF 得到,也可以由试块的尺寸效应得到。本试验得到的动态效应,其机理可以由图 6.37(a)进行解释,钢纤维增加了横向惯性约束效应。图 6.34 的压力衰减表明,虽然在试验中考虑了侧向稀疏、追赶比等因素,由于试块具有许多微裂纹与微孔洞,侧向稀疏还是使得压力随着时间快速减小,钢纤维对 RPC200 的抗冲击阻抗影响并不大,使得两种 RPC200 的撞击初始压力基本相同。然而,在冲击作用下,由于惯性作用,试块中间部位的侧向变形受到了限制,在压缩进行的过程中,限制作用越来越大;同时,轴向冲击压缩还将引起环向膨胀,试块母线方向的裂缝迅速产生并增宽、延长与贯通,并且导致试块破坏;三向分布的钢纤维将基体紧紧揽系住,减少了环向膨胀裂纹的产生,并阻碍其快速扩展,从而使试块在轴向产生更大压缩,也就使试块在相同位置压力峰值增加。由图 6.35 可以看出,RPC200V$_5$ 的应力-应变曲线较不掺钢纤维的 RPC200V$_0$ 丰满,在压力卸载阶段,RPC200V$_5$ 明显要比 RPC200V$_0$ 下降得慢,表明钢纤维在卸载阶段的阻裂作用非常明显。

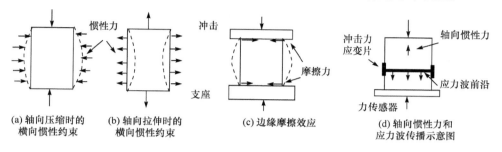

(a) 轴向压缩时的　　　(b) 轴向拉伸时的　　　(c) 边缘摩擦效应　　　(d) 轴向惯性力和
　　横向惯性约束　　　　　横向惯性约束　　　　　　　　　　　　　　　　　应力波传播示意图

图 6.37　试块的动态效应机理

6.5.4　试块破坏形态分析

　　轻气炮冲击试验之后,RPC200 试块基本上粉碎。从图 6.32 和图 6.33 可以看出,当冲击速度为 300m/s 左右时,试块中仍有部分未碎裂的小块(长边约 10mm);当冲击速度增至 400m/s 左右时,试块中未碎裂的小块很少;当冲击速度增至 500m/s 左右及以上时,RPC200 试块已经成为粉末状,即使有块状体,但很疏松,一捏就成粉末。

　　对比 RPC200V$_0$($u_飞$=242.8m/s)和 RPC200V$_3$($u_飞$=204.1m/s)、RPC200V$_5$($u_飞$=324.4m/s)试块的破坏照片可以看出,当冲击速度在 200m/s 左右时,RPC200V$_0$ 试块碎成粉末,含钢纤维的 RPC200 试块破坏稍轻,说明在高速冲击荷载下,钢纤维对 RPC200 起一定的增强和增韧作用。但当冲击速度大于 500m/s 时,无论是否掺加钢纤维,RPC200 试块均碎成粉末。

6.6　活性粉末混凝土的高压状态方程

　　高压状态方程是基于混凝土的一级轻气炮高速冲击压缩试验数据来研究混凝土冲击绝热关系的。通过混凝土的 D-u Hugoniot 曲线推导出 P-u Hugoniot 曲线,采用实例分析得出压力 P 与体应变 μ 之间的关系式,并按照多项式的 Grüneisen 型状态方程形式拟合出高压状态方程参数。

6.6.1　试验数据处理

　　一级轻气炮试验采取同种 RPC200 材料的对称碰撞,因此冲击波后粒子的速度 u_1 等于飞片速度 $u_飞$ 的 1/2[304],即 $u_1 = \dfrac{1}{2} u_飞$。对 RPC200V$_0$、RPC200V$_1$、

RPC200V$_3$、RPC200V$_5$ 四种材料各做了五发冲击试验,冲击波后粒子的速度见表 6.5。

表 6.5　四种 RPC200 试块冲击试验中的各种速度值

材料	编号	靶片 2 的厚度 h_1 /mm	冲击波在靶片中的传播时间 $\Delta t/\mu m$	冲击波速度 D /(m/s)	飞片速度 $u_飞$ /(m/s)	冲击波后粒子速度 u_1 /(m/s)
RPC200V$_0$	第一发	7.95	2.528	3145	327.6	163.80
	第二发	7.96	2.446	3254	477.2	238.60
	第三发	7.74	2.599	2978	242.8	121.40
	第四发	7.75	2.358	3286	549.0	274.50
	第五发	8.13	2.370	3430	692.6	346.30
RPC200V$_1$	第一发	8.08	2.252	3588	321.1	160.55
	第二发	7.83	2.071	3780	477.1	238.55
	第三发	7.86	2.062	3812	639.1	319.55
RPC200V$_3$	第一发	7.83	2.009	3897	204.1	102.05
	第二发	8.07	2.041	3954	317.6	158.80
	第三发	7.71	1.856	4155	433.6	216.80
	第五发	8.06	1.857	4341	674.4	337.20
RPC200V$_5$	第一发	8.01	1.851	4328	212.3	106.15
	第二发	7.93	1.775	4468	324.4	162.20
	第三发	7.96	1.777	4480	427.1	213.55
	第四发	7.90	1.674	4718	656.1	328.05
	第五发	8.05	1.765	4562	526.3	263.15

试验得到的压力-时间曲线上相邻两条曲线起跳点之间的时间差,即为冲击波在某一靶片之间传播的时间 Δt(图 6.38),该靶片处于记录这两条曲线数据的锰铜压力传感器之间(图 6.36)。根据时间 Δt 计算出冲击波在靶片中的传播速度 $D=h_1/\Delta t$,其中 h_1 为靶片厚度。四种 RPC200 冲击试验的 D 值见表 6.5(有些试验未取得信号,故未在表 6.5 中列出)。

6.6.2　冲击绝热曲线的建立

1. $D\text{-}u$ Hugoniot 曲线的建立

大量文献表明[304,314~317],对多数密实介质来说,在不发生冲击相变的压力范围内,冲击波速度 D 和粒子速度 u 之间呈线性关系,如铝合金、铜、碳化钨、聚乙烯、

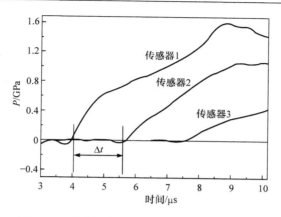

图 6.38　冲击波在靶片 2 中的传播时间示意图

聚苯乙烯、有机玻璃、环氧树脂、酚醛树脂等。本书对前面计算得到的 1～20 个 RPC200 冲击波速度以及粒子速度进行线性拟合，可得到 RPC200 的 D-u Hugoniot 曲线，如图 6.39～图 6.42 所示，冲击波速度和粒子速度的线性拟合方程见表 6.6。

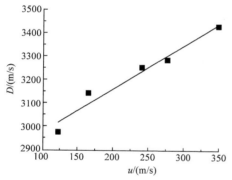

图 6.39　RPC200V_0 的 D-u Hugoniot 曲线

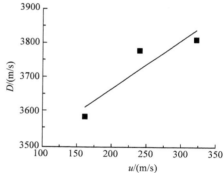

图 6.40　RPC200V_1 的 D-u Hugoniot 曲线

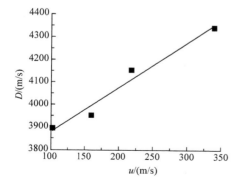

图 6.41　RPC200V_3 的 D-u Hugoniot 曲线

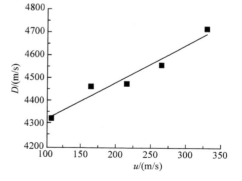

图 6.42　RPC200V_5 的 D-u Hugoniot 曲线

表 6.6　RPC200 的 *D-u* 线性拟合方程

材料种类	*D-u* 线性拟合方程
RPC200V_0	$D = 2794 + 1.85u$
RPC200V_1	$D = 3391 + 1.40u$
RPC200V_3	$D = 3683 + 1.98u$
RPC200V_5	$D = 4164 + 1.62u$

2. *P-u* Hugoniot 曲线的建立

为求 *P-u* Hugoniot 曲线,首先考虑质量守恒、动量守恒和能量守恒三个定律。

根据动量守恒定律,冲击波阵面两侧存在压力差使物质在单位时间内获得一速度增量,可以得出:

$$P_1 - P_0 = \rho_0 (D - u_0)(u_1 - u_0) \tag{6.12}$$

式中,P_0、P_1 分别为初始状态和冲击后的压力。

根据能量守恒定律,冲击波单位时间内对物质所做的功使得物质的比能产生一个增量,可以得出

$$P_1 u_1 - P_0 u_0 = \rho_0 (D - u_0) \left[\left(E_1 + \frac{u_1^2}{2} \right) - \left(E_0 + \frac{u_0^2}{2} \right) \right] \tag{6.13}$$

对质量守恒定律(6.1)进行变换,将方程右边的冲击波速度 D 消去,可得

$$D - u_0 = \frac{\rho_0 (u_1 - u_0)}{\rho_1 - \rho_0} \tag{6.14}$$

整理动量守恒方程(6.12),可得 $u_1 - u_0 = \dfrac{P_1 - P_0}{\rho_0 (D - u_0)}$,将其代入式(6.14),整理后可得

$$D - u_0 = \sqrt{\frac{\rho_1 (P_1 - P_0)}{\rho_0 (\rho_1 - \rho_0)}} \tag{6.15}$$

又因为 $\rho \equiv \dfrac{1}{V}$(V 是比体积),代入式(6.15)后可得

$$D - u_0 = V_1 \sqrt{\frac{P_1 - P_0}{V_1 - V_0}} \tag{6.16}$$

将式(6.16)代入动量守恒方程(6.12)中可得

$$u_1 - u_0 = (V_0 - V_1) \sqrt{\frac{P_1 - P_0}{V_1 - V_0}} \tag{6.17}$$

由式(6.13),可得

$$E_1 - E_0 = \frac{P_1 u_1 - P_0 u_0}{\rho_0 (D - u_0)} - \frac{1}{2}(u_1 + u_0)(u_1 - u_0) \tag{6.18}$$

将式(6.16)、式(6.17)和 $\rho_0 = \dfrac{1}{V_0}$ 代入式(6.18)中,经过整理后可得 Hugoniot 方程:

$$E_1 - E_0 = \frac{1}{2}(P_1 + P_0)(V_1 - V_0) \tag{6.19}$$

在方程式(6.1)、式(6.12)和式(6.19)中,ρ_0、u_0、P_0 和 E_0 为 RPC200 试块的初始状态参数,为已知参数;ρ_1、u_1、D、P_1 和 E_1 为待定参数。因此,在这三个方程式中只需确定上面五个待定参数中的两个,就能求出剩余的三个待定参数,从而确定冲击绝热线上某一点的状态参数。

根据图 6.39～图 6.42 和表 6.6 的 D-u 曲线可知,RPC200 材料在一级轻气炮试验中的冲击波速度与波后质点速度存在线性关系:

$$D = a + bu \tag{6.20}$$

动量守恒定律(式(6.12))中,初始状态的压力 P_0 和初始状态粒子速度 u_0 均等于 0,因此式(6.12)变为 $P_1 = \rho_0 D u_1$,把式(6.20)代入式(6.12),得到冲击波压力与粒子速度的关系为

$$P = \rho D u = \rho(a + bu)u \tag{6.21}$$

式(6.21)表示 RPC200 材料在冲击试验中的 P-u Hugoniot 曲线。四种 RPC200 的 P-u Hugoniot 曲线如图 6.43～图 6.46 所示,P-u Hugoniot 曲线方程见表 6.7。其中,RPC200V_0、RPC200V_1、RPC200V_3、RPC200V_5 的初始状态密度分别为 2.345g/cm³、2.396g/cm³、2.488g/cm³、2.603g/cm³。

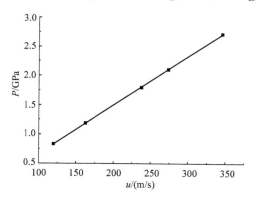

图 6.43　RPC200V_0 的 P-u Hugoniot 曲线

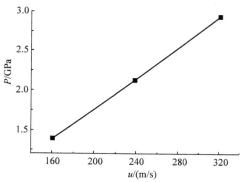

图 6.44　RPC200V_1 的 P-u Hugoniot 曲线

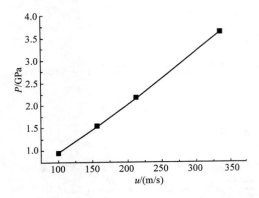

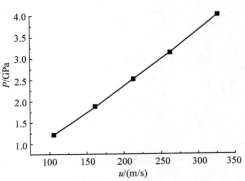

图 6.45　RPC200V$_3$ 的 P-u Hugoniot 曲线　　图 6.46　RPC200V$_5$ 的 P-u Hugoniot 曲线

表 6.7　RPC200 的 P-u Hugoniot 曲线方程

材料种类	P-u Hugoniot 曲线方程
RPC200V$_0$	$P=0.00655u+4.3495\times10^{-6}u^2$
RPC200V$_1$	$P=0.00812u+3.3599\times10^{-6}u^2$
RPC200V$_3$	$P=0.00916u+4.9268\times10^{-6}u^2$
RPC200V$_5$	$P=0.01084u+4.2098\times10^{-6}u^2$

3. Grüneisen 型高压状态方程的建立

由于初始状态的压力 P_0 和初始状态粒子速度 u_0 均等于 0，代入动量守恒方程(6.12)中可得 $P_1=\rho_0Du_1$，将式(6.17)和式(6.20)代入 $P_1=\rho_0Du_1$，整理后可得 RPC200 的 P-u Hugoniot 曲线方程：

$$P=\frac{a^2(V_0-V)}{(b-1)^2V^2\left(\dfrac{b}{b-1}-\dfrac{V_0}{V}\right)^2} \tag{6.22}$$

设体应变 μ 为

$$\mu=\frac{\rho}{\rho_0}-1 \tag{6.23}$$

将初始状态的压力 $P_0=0$ 和初始状态粒子速度 $u_0=0$ 代入质量守恒方程(6.1)，可以得出：

$$\rho=\frac{\rho_0D}{D-u} \tag{6.24}$$

再将式(6.20)及式(6.24)代入体应变表达式(6.23)，可得

$$\mu=\frac{u}{a+(b-1)u} \tag{6.25}$$

通过式(6.25)即可得到 P-μ Hugoniot 曲线。

混凝土的容变律通常采用形式为多项式的 Grüneisen 型状态方程来描述,完全压实后的物质方程为

$$P = A_1\mu + A_2\mu^2 + A_3\mu^3 \tag{6.26}$$

式中,A_1、A_2 和 A_3 为拟合系数。

按照 Grüneisen 型状态方程(6.26)对 P、μ 进行拟合,得到 RPC200 材料的 Grüneisen 型高压状态方程曲线,如图 6.47～图 6.50 所示,高压状态方程见表 6.8。

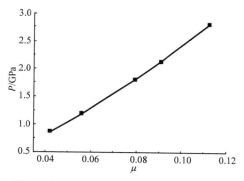

图 6.47　RPC200V_0 的 Grüneisen 型曲线

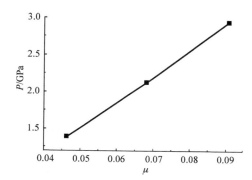

图 6.48　RPC200V_1 的 Grüneisen 型曲线

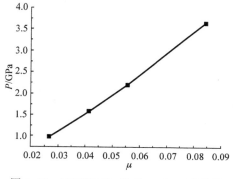

图 6.49　RPC200V_3 的 Grüneisen 型曲线

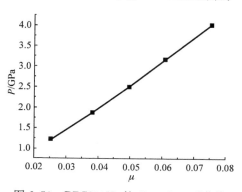

图 6.50　RPC200V_5 的 Grüneisen 型曲线

表 6.8　RPC200 的 Grüneisen 型高压状态方程

材料种类	Grüneisen 型高压状态方程
RPC200V_0	$P = 18.355\mu + 47.570\mu^2 + 96.579\mu^3$
RPC200V_1	$P = 27.554\mu + 49.404\mu^2 + 40.096\mu^3$
RPC200V_3	$P = 33.792\mu + 97.592\mu^2 + 207.086\mu^3$
RPC200V_5	$P = 45.148\mu + 100.040\mu^2 + 123.490\mu^3$

6.7　分析与讨论

一些专家学者对混凝土进行了轻气炮试验研究,为了得到较理想的信号,混凝土试块通常很薄,只有 2~5mm(实际上,此时的材料不是混凝土,只能称为砂浆),混凝土在静态压缩时存在一个压紧的平台阶段,这个平台对混凝土的性能至关重要,这个现象也存在于动态压缩中,只是由于在以前的试验中,被测混凝土试块太薄,导致冲击波的上升前沿比较快,几乎观察不到前沿压缩台阶,因此,在本试验中将单个靶片设计为 8mm,同时采用对称碰撞,延长压缩段。

高压状态方程的确定,通常从冲击绝热线出发,该方法需要进行多发试验,对均质材料(如金属)而言具有很好的精度,而混凝土是非均质材料,多发试验不仅增加了系统误差,而且造成试验的高成本。本书采用拉格朗日分析,将损伤引入本构模型,具有很好的一致性。

6.8　小　　结

(1) 介绍了一级轻气炮的各部分组成、试验设计和测试过程。在一级轻气炮试验中,得到 $RPC200V_0$、$RPC200V_1$、$RPC200V_3$、$RPC200V_5$ 不同冲击荷载下的压力时程曲线。大部分压力时程曲线质量较好,每个组合靶中锰铜计测得的起跳点和上升段明显,较易获取各个起跳点之间的间距。对离散性较大的混凝土来说,试验结果比较理想。

(2) 利用拉格朗日分析方法得到了 RPC200 应力-应变关系曲线,比较得出钢纤维对相同位置处应力峰值的影响,分析了钢纤维对 RPC200 的增强阻裂作用。通过 RPC200 不同位置处各物理量的时程曲线,得到了各物理量的衰减特征。

(3) 通过采用一级轻气炮分别对 $RPC200V_0$、$RPC200V_1$、$RPC200V_3$、$RPC200V_5$ 进行速度为 200~900m/s 的冲击试验,确定了 RPC200 材料的冲击波速度和粒子速度的线性关系,得到 RPC200 在冲击荷载作用下的 P-u 和 P-μ Hugoniot 冲击绝热曲线。

(4) 通过对 RPC200 材料冲击绝热曲线的处理,得出 $RPC200V_0$、$RPC200V_1$、$RPC200V_3$、$RPC200V_5$ 形如 $P = A_1\mu + A_2\mu^2 + A_3\mu^3$ 多项式的 Grüneisen 型高压状态方程,并拟合出多项式中的三个拟合系数 A_1、A_2 和 A_3,为 RPC200 的 Grüneisen 型状态方程提供了冲击特性参数。

第7章 钢纤维混凝土抗冲击仿真

7.1 数值仿真方法

7.1.1 LS-DYNA 简介

ANSYS/LS-DYNA 是显式动力分析软件,包含前后处理器 ANSYS 和 LS-PREPOST,以及 LS-DYNA 求解器。

1) 前处理器

ANSYS/LS-DYNA 采用的前处理器是 ANSYS,能够进行结构分析、热分析、流体分析、电磁分析以及声学分析等。ANSYS 前处理器提供了一个实体建模和网络划分的工具,使用户能够很方便地建立模型、划分网络、定义接触和施加荷载[318~320]。

2) 求解器

ANSYS/LS-DYNA 采用的求解器是 LS-DYNA。LS-DYNA 最初版本由美国 Lawrence Livermore National Laboratory 于 1976 年开发。1996 年,ANSYS 公司购买了 LS-DYNA3D 的使用权,形成了 ANSYS/LS-DYNA 软件,目前已广泛应用于土木、水利、交通、能源、军工等领域。

3) 后处理器

ANSYS/LS-DYNA 采用的后处理器是 LS-PREPOST,它能够提供模型分析的后处理功能,如模型计算结果的图形、动态显示模型的变形及应力-应变云图、对模型进行切片显示、计算结果的数据图示和分析以及提取各种历史变量并进行分析。

4) LS-DYNA 分析过程

ANSYS/LS-DYNA 的显式动力分析过程包括前处理、求解和后处理三部分组成,分析过程如图 7.1 所示。

7.1.2 程序的算法

LS-DYNA 是一个以拉格朗日算法为主,任意拉格朗日-欧拉(arbitrary Lagrange-Euler,ALE)算法和欧拉算法为辅,以显式求解为主,兼有隐式求解功能的非线性动力有限元仿真求解器。在计算固体力学中,一般采用拉格朗日算法;在

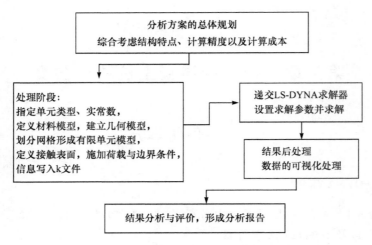

图 7.1　ANSYS/LS-DYNA 分析过程

计算流体力学中,通常采用欧拉算法;如果在分析固体-流体耦合的情况时,便会将拉格朗日算法和欧拉算法相结合,发挥两种算法的优点,即 ALE 算法[320]。

1) 拉格朗日算法

拉格朗日算法主要应用于固体结构的应力和应变分析。该算法是以物质的坐标为基础,单元的网格及其结构式相互重合、一体化,采用类似于"雕刻"的方式在结构上将网格单元划分,其中有限元节点就是物质点。采用该算法对结构进行分析时,经过 Δt 的时间增量后,拉格朗日算法产生的网格和结构材料仍然是重合的。但是在固体大变形的计算过程中,当结构材料产生变形时,网格也会相应地发生变形,结构的有限单元网格和结构的形状变化是一致的(因为结构的有限元节点即为物质点)。采用该算法时,物质不会流动于单元和单元之间。

该算法的特点是:能够描述结构边界的运动,但是在处理耦合问题、流体问题和产生大变形的固体结构问题时,由于算法的局限性,有限元网格会因为材料的流动而发生严重的畸变,不利于数值的计算。

2) 欧拉算法

欧拉算法主要应用于流体问题。其划分的网格是固定的,以空间坐标为基础,与所进行分析的结构没有相互依附关系,它们之间是相互独立的。在模型结构计算分析过程中,网格一直保持初始的空间位置不变。有限元节点就是空间点,在对模型结构分析计算的过程中,它保持初始的空间位置,不随着结构的变形而发生变形。因此,采用欧拉算法对模型结构进行计算时,材料的变形和流动是固定在网格中的。

该算法的特点是:在对模型结构进行数值计算的过程中,所有迭代过程中计算数值的精度不发生改变。但是由于该算法的特点(划分网格的形状和大小不随空间位置的变化而变化),对于结构边界的运动,很难精确描述,因此多用于流体的分析。

3) ALE 算法

ALE 算法最早用于解决数值仿真流体动力学问题,且使用有限差分法。后来,Donea、Belytschko 等在求解流体和结构相互作用问题时,将 ALE 算法应用于有限元方法中。Hughes 等采用有限元方法来解决自由表面流动和黏性不可压缩流体的问题,并且建立了采用 ALE 算法描述的运动学理论。随着 ALE 技术的发展和日趋完善,越来越多的专业数值计算软件加入了 ALE 算法。目前在有限元软件中,LS-DYNA 中的 ALE 算法比较成熟,主要应用于流体-固体耦合方面的数值计算。

ALE 算法的特点是:结合了拉格朗日算法和欧拉算法两者的优点,即在处理结构边界的运动时,采用拉格朗日算法,这样能够有效地跟踪物质结构的边界运动,能够精确地将结构边界的运动描述出来。而在处理内部网格划分时,则采用欧拉算法,网格的形状和大小不随空间位置的变化而产生变化,是独立于物质的实体而存在的。但 ALE 算法又和欧拉算法中的网格划分不完全相同,因为在进行数值计算求解的过程中,ALE 算法中的网格可以根据所定义的参数适当地调整位置,保证划分的网格不出现严重的畸变。

7.1.3 混凝土的本构模型及参数

1. 混凝土的本构模型

Holmquist-Johnson-Cook 本构模型,简称 HJC 本构模型[311],可用于混凝土在大变形、高应变率下的数值仿真。在 LS-DYNA 的 k 文件中,定义 HJC 材料的关键字为:∗MAT_JOHNSON_HOLMQUIST_CONCRETE。

在 HJC 本构模型中,将高应变率、大应变、高压效应都考虑在内,其等效屈服压强是关于压力、应变率和损伤的方程,其中的压力是关于体积应变的函数,而损伤积累是关于压力、等效塑性应变以及塑性体积应变的函数。HJC 本构模型可以反映混凝土在高应变率、大应变以及高围压下材料的损伤、断裂破坏、失效等一系列的动态响应。

HJC 本构模型的强度按照规范化等效应力可表示为

$$\sigma^* = [A(1-D_0) + BP^{*N}](1 + C\ln\dot{\varepsilon}^*) \leqslant S_{\max} \tag{7.1}$$

$$\sigma^* = \sigma/f_c' \tag{7.2}$$

$$P^* = P_c/f_c' \tag{7.3}$$

$$\dot{\varepsilon}^* = \dot{\varepsilon}/\dot{\varepsilon}_0 \tag{7.4}$$

式中,σ^* 为实际等效应力与静态屈服强度之比;$S_{\max}$ 为混凝土所能达到的最大标准化强度;P^* 为标准化的静水压力;σ 为实际等效应力;f_c' 为静态屈服强度;A 为标准化内聚力强度;P_c 为单元内的静水压力;B 为标准化压力硬化系数,$\dot{\varepsilon}^*$ 为无量纲应变率;N 为压力硬化指数;$\dot{\varepsilon}$ 为真实应变率;C 为应变率系数;$\dot{\varepsilon}_0$ 为参考应变率;D_0 为损伤度$(0 \leqslant D_0 \leqslant 1.0)$。

在 HJC 本构模型中,损伤是通过等效塑性应变以及塑性体积应变的积累来进行描述的,损伤度 $D_0 \in [0,1]$,它随着塑性应变积累的增长而增长。其损伤演化的方程如下:

$$D_0 = \sum \frac{\Delta \varepsilon_{\mathrm{p}} + \Delta \mu_{\mathrm{p}}}{\varepsilon_{\mathrm{p}}^{\mathrm{f}} + \mu_{\mathrm{p}}^{\mathrm{f}}} \tag{7.5}$$

$$f(P) = \varepsilon_{\mathrm{p}}^{\mathrm{f}} + \mu_{\mathrm{p}}^{\mathrm{f}} = D_1 \ (P^* + T^*)^{D_2} \tag{7.6}$$

$$T^* = T/f_c' \tag{7.7}$$

式中,$\Delta \varepsilon_{\mathrm{p}}$ 为等效塑性应变增量;$\varepsilon_{\mathrm{p}}^{\mathrm{f}}$ 为常压下破碎的等效塑性应变;$\Delta \mu_{\mathrm{p}}$ 为塑性体积应变增量;$\mu_{\mathrm{p}}^{\mathrm{f}}$ 为常压下破碎的塑性体积应变,并且 $\varepsilon_{\mathrm{p}}^{\mathrm{f}} + \mu_{\mathrm{p}}^{\mathrm{f}} \geqslant \varepsilon_{\mathrm{fmin}}$,$\varepsilon_{\mathrm{fmin}}$ 为允许混凝土发生破坏的最小塑性应变;T 为材料的最大抗拉强度;D_1、D_2 为混凝土材料的损伤常数;T^* 为材料能承受的标准化最大拉伸应力。

HJC 本构模型由线弹性部分、塑性变形部分(孔洞逐渐排除)以及密实部分组成,混凝土的静水压力和体积应变之间的关系采用分段式的状态方程描述。该本构模型中不仅考虑了混凝土中的空隙以及裂纹的压实效应,而且考虑了塑性体积变化(均为模型参数)。图 7.2 为采用 HJC 本构模型时混凝土静水压力和体积应变的关系曲线。

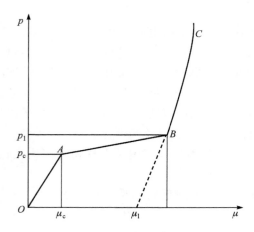

图 7.2　混凝土压力-体积应变曲线

第一阶段:图 7.2 中的 OA 阶段,该阶段中的静水压力 $p < p_c$,且静水压力和体积应变呈线性关系。

加载段或卸载段：

$$p = K_e \mu \tag{7.8}$$
$$K_e = p_c / \mu_c \tag{7.9}$$

式中，K_e 为体积模量；p_c 为单轴压缩试验的压碎体积压力；μ_c 为单轴压缩试验的压碎体积应变。

第二阶段：图 7.2 中的 AB 阶段，该阶段中的静水压力 $p \in [p_c, p_1]$，该阶段中混凝土试块由于其内部空洞受压缩而发生塑性变形。

加载段：

$$p = p_1 + \frac{(p_1 - p_c)(\mu - \mu_1)}{\mu_1 - \mu_c} \tag{7.10}$$

式中，p_1 为压实压力；μ_1 为压实体积应变。

卸载段：

$$p - p_{max} = [(1 - F)K_e + F K_1](\mu - \mu_{max}) \tag{7.11}$$
$$F = \frac{\mu_{max} - \mu_c}{\mu_1 - \mu_c} \tag{7.12}$$

式中，K_1 为塑性体积模量；p_{max} 为卸载前达到的最大体积压力；μ_{max} 为卸载前达到的最大体积应变。

该阶段中，由于混凝土试块内部气孔在压力作用下被压缩排除，此时混凝土试块开始受到损伤，并且逐渐产生破碎性的裂纹。此阶段中的塑性体积模量可以通过对两端模量进行差值计算而得到。

第三阶段：图 7.2 中的 BC 阶段，该阶段中的静水压力 $p > p_1$，该阶段中，当静水压力达到压实压力之后，混凝土试块内部的气孔完全被压碎。

加载段：

$$p = k_1 \bar{\mu} + k_2 \bar{\mu}^2 + k_3 \bar{\mu}^3 \tag{7.13}$$
$$\bar{\mu} = \frac{\mu - \mu_1}{1 + \mu_1} \tag{7.14}$$

式中，$\bar{\mu}$ 为修正的体积应变；k_1、k_2、k_3 为常数。

卸载段：

$$p - p_{max} = k_1(\bar{\mu} - \bar{\mu}_{max}) \tag{7.15}$$

在该阶段，由于混凝土中的孔隙已经在受压下完全被排除，该阶段中的混凝土称为无气孔的密实区，此时的混凝土试块完全破碎。

2. HJC 本构模型中材料的参数

由上述内容可知，混凝土的 HJC 本构模型包括强度、损伤和压力三种参数。

Holmquist 等在 1995 年提出混凝土的 HJC 本构模型时,给出了密度为 $2.44 \times 10^3 \, \mathrm{kg/m^3}$、静态抗压强度为 48MPa、抗拉强度为 4MPa 的混凝土的计算参数,这些计算参数包括:①A、B、N、C 和 $S_{\max}$ 五个强度参数;②D_1、D_2 和 $\varepsilon_{\mathrm{fmin}}$ 三个损伤参数;③p_c、μ_c、k_1、k_2、k_3、p_1、μ_1 和 T 八个压力参数。除以上 16 个参数外,还包括参考应变率 $\dot{\varepsilon}_0$。本书的数值仿真中,密度、强度和弹性模量为实测参数,其他参数参考 Holmquist 提出的参数和文献[321]等文献中的参数。

7.2　钢纤维混凝土 SHPB 冲击仿真与分析

7.2.1　单元的划分

混凝土试块单元划分如图 7.3 所示,SHPB 的截面划分与混凝土试块相同,只是长度方向的网格间距适当增大,试块附近的局部网格剖分如图 7.4 所示。试块和压杆之间的接触类型选择面面侵蚀接触。采用最大应变破坏准则,混凝土单元达到破坏应变时被清除。

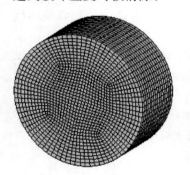
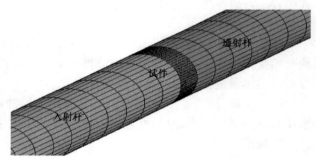

图 7.3　混凝土试块单元划分　　　　　图 7.4　靠近试块的单元划分

7.2.2　应力波传播情况及波形图

SHPB 杆中应力波传播情况通过 LS-PREPOST 得到,子弹撞击输入杆,在输入杆内产生入射波。入射波沿输入杆向试块传播,当传播到试块位置时,推动试块,试块开始变形,并在输入杆中产生反射波。另一部分脉冲透过试块进入输出杆向前传播,形成透射波。图 7.5 和 7.6 为应力波从冲击压缩波到在界面处发生反射形成冲击拉伸波变化的两个阶段,在图中可以看出入射波、反射波和透射波的传播。

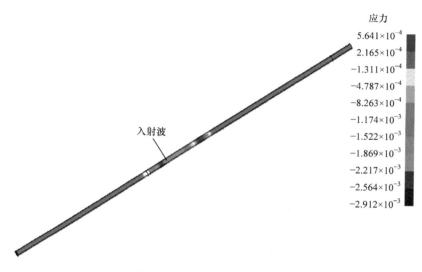

图 7.5　$525\mu_s$ 应力波传播状态

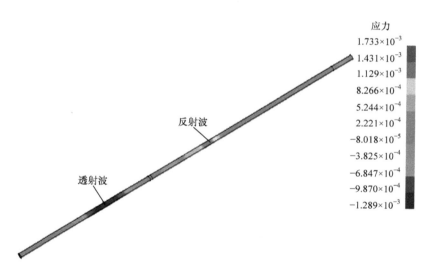

图 7.6　$720\mu_s$ 应力波传播状态

　　图 7.7 和图 7.8 分别为仿真和试验记录 $C100V_2$ 高强混凝土在子弹冲击速度 20m/s 时的应力波形图，经对比分析可知，数值仿真中应力波的峰值和整个波长的历时均与实际测量有一定的类比性，只是波形在上升沿有所差异。

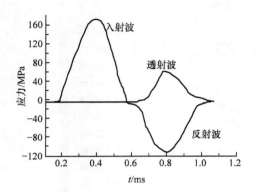

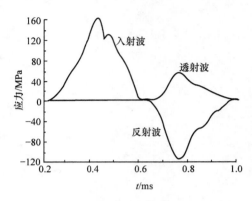

图 7.7　子弹速度 20m/s 下仿真应力波形图　　　图 7.8　子弹速度 20m/s 下实测应力波形图

7.2.3　混凝土应力-应变曲线结果与分析

1. C40V₃ 混凝土

对 C40V₃ 混凝土 SHPB 试验进行数值仿真,将不同子弹速度下混凝土试块的仿真曲线与实测的应力-应变曲线进行对比,分别如图 7.9～图 7.11 所示。其中,图 7.10 中 A、B、C、D 是为了表明混凝土试块破坏过程的四个阶段。

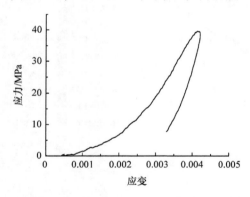

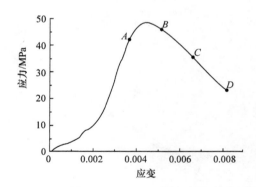

图 7.9　子弹速度 10m/s 下 C40V₃　　　　图 7.10　子弹速度 15m/s 下 C40V₃
应力-应变曲线　　　　　　　　　　　应力-应变曲线

由图 7.9～图 7.11 可以发现,当峰值应变未达到破坏应变时,应力呈快速增长趋势,应力-应变曲线表现为线弹性阶段;当超过一定应力值时,应力-应变曲线的加载段发生转折,此时试块发生初步损伤,由于损伤演化不充分,试块尚未出现宏观裂纹,应力-应变曲线表现为黏弹性机制的回滞。

在线弹性阶段和损伤初始阶段,试块各部位应力-应变曲线与试验结果非常吻

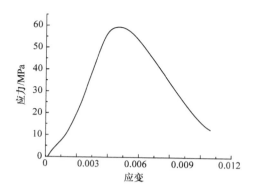

图 7.11　子弹速度 20m/s 下 C40V$_3$ 应力-应变曲线

合,在损伤演化到一定程度时,试块各点的应力-应变曲线虽然出现了一定程度的离散,但整体趋势吻合,反映了各点损伤程度的差异。

根据应力-应变曲线,混凝土动态破坏过程可以分成线弹性上升段(OA)、初步损伤段(AB)、损伤剧烈演化段(BC)、破坏段(CD)、如图 7.10 所示。

首先,在线弹性上升段和初始损伤段的应力-应变曲线与试验各点应力-应变关系吻合得很好,反映在该阶段试块处于显著的一维应力状态。在损伤剧烈演化段试块各点应力-应变曲线出现离散,反映各部位的损伤演化出现了差异,在数值仿真中体现出这种差异的本质是由于横向泊松效应导致的非一维应力状态的加剧,说明 SHPB 试验正好反映了试块整体损伤演化的均匀效果。最后,试块进入压溃破坏阶段,这时裂纹已贯穿试块,试块出现大范围破损和大变形。

图 7.12 为仿真得到的不同子弹速度下 C40V$_3$ 混凝土的应力-应变曲线,图 7.13 为试验得到的不同子弹速度下 C40V$_3$ 混凝土的应力-应变曲线。由图 7.12 和图 7.13 可以看出,其具体数值上有差别,但趋势相近,包括随应变率的增加,抗压强度也相应增加,低应变率下未出现宏观裂纹时的黏弹性回滞,损伤剧烈演化段的圆弧曲率随应变率的增加而减小,高应变率下损伤演化的充分性等。仿真曲线的下降段后部分与试验曲线相比略有差异,原因是此阶段的混凝土已开始破坏,仿真采用的 HJC 本构模型未能很好地描述混凝土试块破坏后的过程。即便如此,HJC 本构模型仍是描述混凝土在动态冲击作用下响应较好的本构模型。

2. C100V$_3$ 高强混凝土与 RPC200V$_3$ 超高强混凝土

图 7.14 和图 7.16 分别为 C100V$_3$ 高强混凝土与 RPC200V$_3$ 超高强混凝土 SHPB 数值仿真不同子弹速度下的应力-应变曲线,图 7.15 和图 7.17 分别为试验得到的不同子弹速度下的混凝土应力-应变曲线。经过对比发现,两种混凝土仿真与试验结果均有一定的相似性。

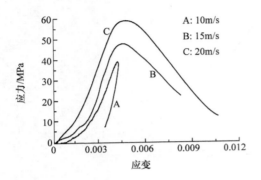

图 7.12　不同子弹速度下 C40V₃
仿真应力-应变曲线

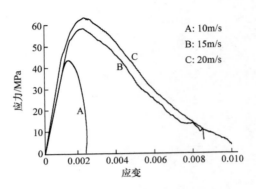

图 7.13　不同子弹速度下 C40V₃
试验应力-应变曲线

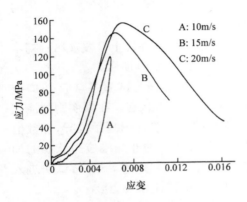

图 7.14　C100V₃ 仿真应力-应变曲线

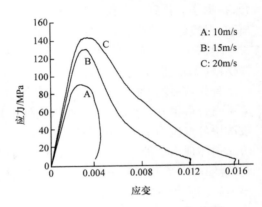

图 7.15　C100V₃ 试验应力-应变曲线

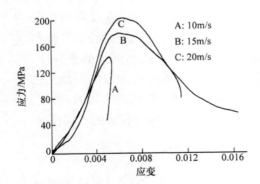

图 7.16　RPC200V₃ 仿真应力-应变曲线

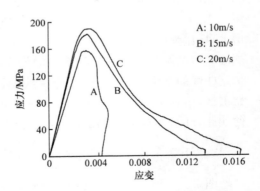

图 7.17　RPC200V₃ 试验应力-应变曲线

7.2.4　混凝土破坏过程结果及分析

1. C40V$_3$ 混凝土

图 7.18 为子弹速度在 10m/s 时,采用 SHPB 数值仿真得到的 C40V$_3$ 试块的破坏过程。由图可见,在子弹速度为 10m/s 时,C40V$_3$ 试块在冲击加载初期,试块中间端面单元并没有发生破坏,试块的破坏从周边脱落开始,逐渐向试块中间发展。这是由于混凝土试块在承载过程中有较大的侧限效应,导致试块的破坏过程由外向里进行。随着加载的继续,破坏由边缘向试块中间端面延伸。最后在试块中部某个位置突然出现大量的贯穿性裂纹,试块迅速断裂。混凝土试块破坏形态机理可以从应力波角度来解释[60],这是由于在进行混凝土冲击压缩试验时,试块侧面为自由面,压缩波经侧面反射后形成拉伸波,尽管拉伸强度不大,但可能导致材料的拉伸破坏。

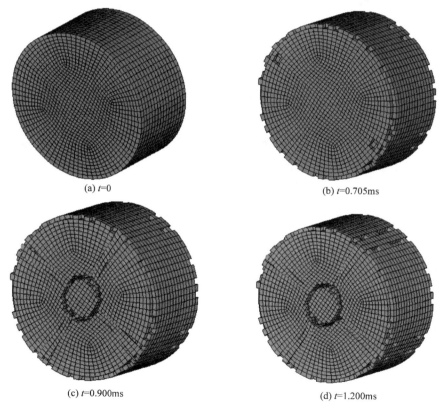

(a) t=0　　　　　　　　　　　　　　(b) t=0.705ms

(c) t=0.900ms　　　　　　　　　　　　(d) t=1.200ms

图 7.18　子弹速度为 10m/s 时 C40V$_3$ 试块的破坏过程

图 7.19 和图 7.20 给出了子弹速度分别为 15m/s 和 20m/s 时 C40V$_3$ 试块的

破坏过程。由图可见,冲击加载初期,试块中间端面单元并没有发生破坏,试块的破坏依旧从周边脱落开始,逐渐向试块中间发展,但是由于加载时间的延长和反射波的拉伸作用,外围混凝土单元迅速崩溃,子弹速度 15m/s 时混凝土试块外围出现单元崩溃溅飞的现象,试块最后呈留芯状,子弹速度 20m/s 时混凝土试块发生显著的冲击碎裂现象。

图 7.19　子弹速度为 15m/s 时 C40V$_3$ 试块的破坏过程

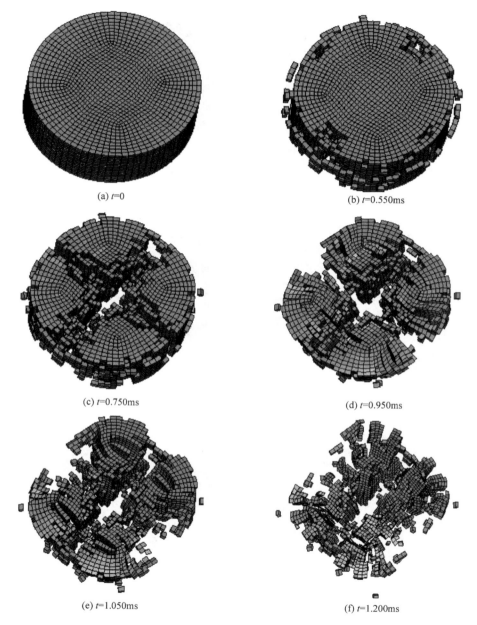

(a) $t=0$　　　　　　　　　　　　　　　　　(b) $t=0.550$ms

(c) $t=0.750$ms　　　　　　　　　　　　　　(d) $t=0.950$ms

(e) $t=1.050$ms　　　　　　　　　　　　　　(f) $t=1.200$ms

图 7.20　子弹速度为 20m/s 时 C40V$_3$ 试块的破坏过程

　　图 7.21 为 C40V$_3$ 试块不同速度下的试验结果与冲击数值仿真结果的对比图。通过对比发现,在子弹速度为 10m/s、15m/s、20m/s 时,所对应的数值仿真破坏结果与试验结果有一定的相似性。

(a) 子弹速度10m/s

(b) 子弹速度15m/s

(c) 子弹速度20m/s

图 7.21　C40V_3 试块冲击试验结果与仿真结果比较图

2. C100V_3 高强混凝土与 RPC200V_3 超高强混凝土

图 7.22 和图 7.23 分别为 C100V_3 试块在子弹速度为 10m/s 和 20m/s 时的冲

击破坏过程。由图可以看出,C100V₃ 试块在子弹速度为 10m/s 下较完好,只有周边部分破坏。在子弹速度为 20m/s 时,破坏由周边脱落开始,逐渐向试块中部发展,此时外围部分混凝土开始崩落飞溅。

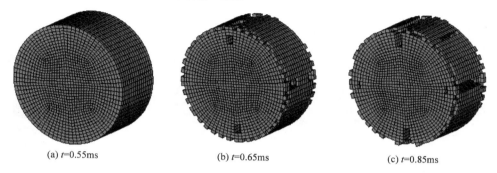

(a) t=0.55ms　　　　　(b) t=0.65ms　　　　　(c) t=0.85ms

图 7.22　子弹速度为 10m/s 时 C100V₃ 试块的破坏过程

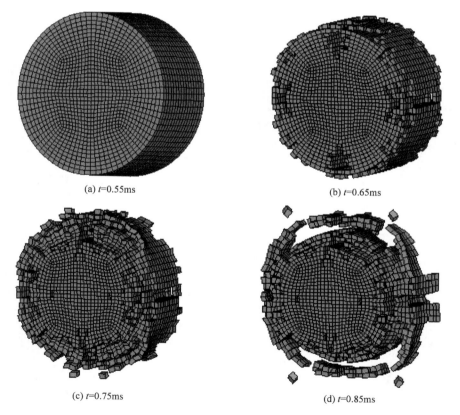

(a) t=0.55ms　　　　　　　　　　　(b) t=0.65ms

(c) t=0.75ms　　　　　　　　　　　(d) t=0.85ms

图 7.23　子弹速度为 20m/s 时 C100V₃ 试块的破坏过程

　　图 7.24 和图 7.25 分别为 RPC200V$_3$ 试块在子弹速度为 10m/s 和 20m/s 时的冲击破坏过程。由图可以看出,RPC200V$_3$ 试块在 10m/s 子弹速度下基本没有破坏,在子弹速度为 20m/s 时,试块周边仅部分破坏,但并没有如 C100V$_3$ 试块一样发生崩落飞溅。

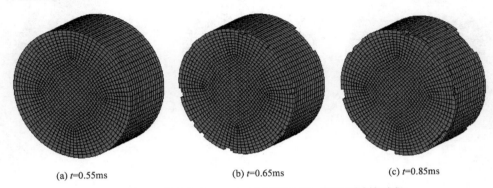

(a) t=0.55ms　　　　　　　(b) t=0.65ms　　　　　　　(c) t=0.85ms

图 7.24　子弹速度为 10m/s 时 RPC200V$_3$ 试块的破坏过程

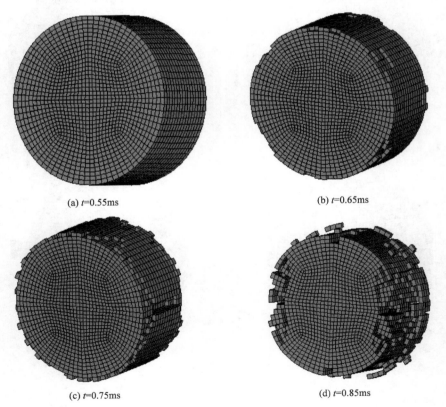

(a) t=0.55ms　　　　　　　　　　　　　(b) t=0.65ms

(c) t=0.75ms　　　　　　　　　　　　　(d) t=0.85ms

图 7.25　子弹速度为 20m/s 时 RPC200V$_3$ 试块的破坏过程

3. $C100V_0$ 与 $C100V_2$ 高强混凝土

图 7.26 为子弹速度在 20m/s 时，$C100V_0$ 试块和 $C100V_2$ 试块内部应力的变化情况。由图可见，在冲击过程中 $C100V_0$ 试块内部应力波先平稳传播后陡然上升，在 0.55ms 时应力首次达到峰值，然后下降，在接下来的 0.062ms 内经历了三次起伏后出现一个暂时稳定的应力平台。对于 $C100V_2$ 试块，在 0.57ms 时达到应力峰值，在 0.08ms 内经历了大约三次起伏后近似稳定。这反映出试块内部应力趋于均匀之前，经历了初始状态的应力振荡，因此初始状态的应力不均匀性应该是产生试验误差的原因之一。

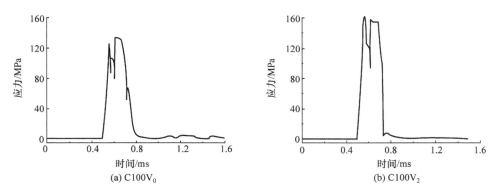

(a) $C100V_0$　　　　　　　　　　　(b) $C100V_2$

图 7.26　子弹速度在 20m/s 时 $C100V_0$ 试块和 $C100V_2$ 试块内部应力变化情况

图 7.27 为子弹速度在 20m/s 时 $C100V_0$（左）试块和 $C100V_2$（右）试块的破坏过程。由图可以看出，在冲击试验过程中，$C100V_0$ 试块和 $C100V_2$ 试块的破坏均从周边脱落开始，逐渐发展到试块中间。在相同的冲击速度下，$C100V_2$ 各个时间的破坏程度均轻于 $C100V_0$，当 $C100V_0$ 几乎裂开时，$C100V_2$ 依旧基本保持整体，说明了数值仿真在一定程度上能反映钢纤维混凝土优于普通混凝土的抗冲击性能。

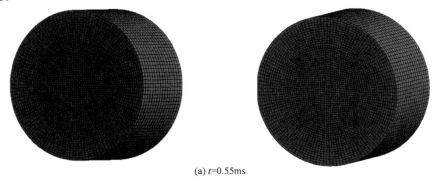

(a) t=0.55ms

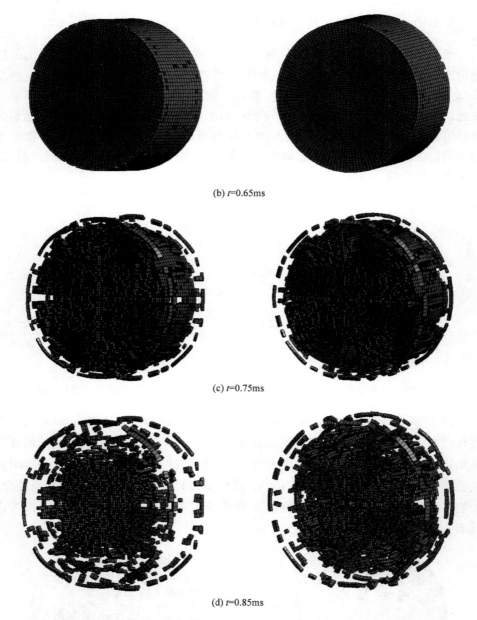

(b) $t=0.65$ms

(c) $t=0.75$ms

(d) $t=0.85$ms

图 7.27　C100V_0 试块（左）和 C100V_2 试块（右）的破坏过程（$u_{子弹}=20$m/s）

　　将图 7.26 的应力峰值时间与图 7.27 的试块破坏时间对比，可以看出试块的破坏与试块的应力峰值时间并不同步。C100V_0 在 0.57～0.67ms 时应力处于峰值或在峰值点附近。但在试验过程中试块在 0.65ms 时稍有破坏，0.75ms 时破坏加剧,0.85ms 时有碎裂块飞溅。C100V$_2$ 同样也有实际破坏时间晚于应力峰值的现象。可见在冲击试验过程中,试块的破坏稍微滞后于应力峰值。

7.3　活性粉末混凝土一级轻气炮冲击仿真与分析

7.3.1　模型的建立及仿真结果分析

第 6 章介绍了 RPC200 的轻气炮冲击试验,本节对该试验进行数值仿真。本仿真采用对称碰撞,仿真中的模型分为两部分:一是装在弹托上的具有初始速度的飞片;二是被飞片撞击的靶片。其中飞片由质量为 600g 的铝制弹托和尺寸为 ϕ92mm$\times$10mm 的 RPC200 试块组成。靶片由四片尺寸为 ϕ92mm$\times$8mm 的 RPC200 圆柱试块叠合组成。

图 7.28 给出了 RPC200 飞片对称碰撞过程的有效应力云图(飞片由 Z 轴负方向以 327.0m/s 的速度正面冲击 RPC200V$_3$ 靶板)。根据冲击波传播规律,在轻气炮冲击试验中,飞片撞击试块产生的冲击压缩波将先后到达飞片及靶板背面(相对撞击面),并在自由边界反射拉伸波。由于混凝土抗拉强度远小于抗压强度,在动态强度一定的情况下,飞片与靶板将发生层裂,且飞片层裂于靶板背面中心位置以及边缘位置。

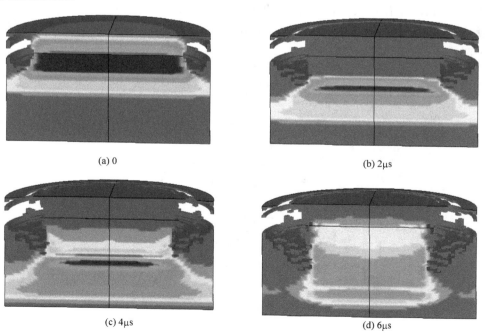

(a) 0　　　　　　　　　　　　　　　　　(b) 2μs

(c) 4μs　　　　　　　　　　　　　　　　(d) 6μs

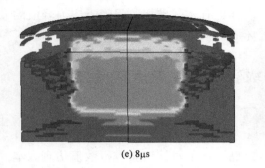 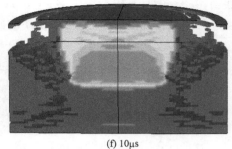

(e) 8μs　　　　　　　　　　　　　　　　　　　　(f) 10μs

图 7.28　不同时间 RPC200V$_3$ 试块的破坏情况

　　由图 7.28 可以看出,在仿真飞片的撞击过程中,随着时间的延长,靶板背面出现层裂,但中心位置层裂程度较边缘处轻,该仿真较好地反映了碰撞发生后混凝土中冲击波传播的物理过程以及边界效应导致的层裂现象。

　　图 7.29 为轻气炮冲击 RPC200V$_3$ 试块仿真结果与试验结果的压力时程曲线对比。其中,靶板 1 和靶板 2 之间的锰铜计传感器计作第一个锰铜计传感器,坐标定为 0,根据试块厚度,其余两个锰铜计传感器位置的坐标分别为 8mm 与 16mm。由仿真结果可以看出,在压缩的初始阶段,试验结果与数值仿真结果比较吻合,随着时间与位置的推移,试验结果与数值仿真结果区别越来越显著。这是由于 RPC200 试块中存在微孔洞,该孔洞使侧向稀疏效应大幅增加,引起冲击波的提早衰减,压缩段变短,同时由于 RPC200 微孔洞多,采用较厚 RPC200 靶板会加剧这种现象。

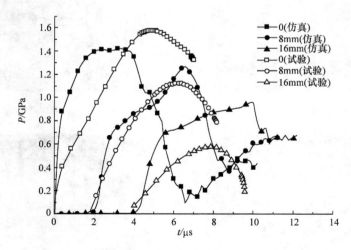

图 7.29　试验与数值仿真中 RPC200V$_3$ 的时程曲线

7.3.2　活性粉末混凝土 *D-u* Hugoniot 曲线的建立

采用 LS-DYNA 有限元分析软件分别对 RPC200V_0、RPC200V_1、RPC200V_3 和 RPC200V_5 的一级轻气炮试验进行数值仿真,分别得到靶片受飞片撞击后粒子、靶片 2、靶片 3 的速度随时间变化的曲线。根据靶片受撞击后粒子的速度时程曲线可以确定撞击后的粒子速度 u,而通过计算靶片 2 和靶片 3 速度时程曲线起跳点之间的时间差以及靶片的厚度,可以得出飞片撞击靶片后冲击波的速度 D。因此,根据所得到的粒子速度 u 和冲击波速度 D,可以建立 RPC200 的 D-u Hugoniot 曲线,其建立过程如下。

1. RPC200V_0

图 7.30~图 7.34 为采用 LS-DYNA 有限元分析软件仿真 RPC200V_0 的一级轻气炮试验时,粒子、靶片 2 和靶片 3 的速度时程曲线,其中飞片速度分别为 300m/s、500m/s、800m/s、1000m/s 和 1200m/s。

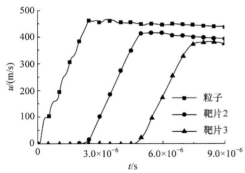

图 7.30　飞片速度为 300m/s 时粒子、
靶片 2 和靶片 3 的速度时程曲线

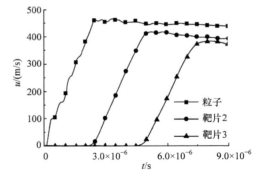

图 7.31　飞片速度为 500m/s 时粒子、
靶片 2 和靶片 3 的速度时程曲线

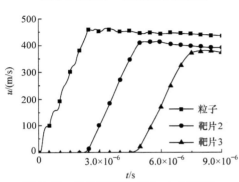

图 7.32　飞片速度为 800m/s 时粒子、
靶片 2 和靶片 3 的速度时程曲线

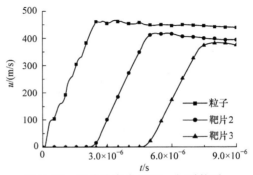

图 7.33　飞片速度为 1000m/s 时粒子、
靶片 2 和靶片 3 的速度时程曲线

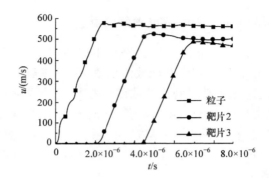

图 7.34　飞片速度为 1200m/s 时粒子、靶片 2 和靶片 3 的速度时程曲线

由图 7.30～图 7.34 粒子速度时程曲线可以看出，飞片分别以 300m/s、500m/s、800m/s、1000m/s 和 1200m/s 的速度撞击靶片之后，粒子速度 u 分别为 143m/s、238m/s、387m/s、487m/s 和 583m/s，均约等于飞片撞击靶片之前速度的 1/2，这与 6.6 节中同种混凝土材料对称碰撞后粒子的速度等于碰撞之前靶片速度的 1/2 相一致。

通过确定靶片 2 和靶片 3 速度起跳点之间的时间差和单个靶片的厚度，计算出飞片撞击靶片后冲击波在试块中的传播速度 D，表 7.1 为不同冲击速度下 RPC200V_0 的粒子速度和冲击波速度的计算结果。

表 7.1　不同冲击速度下 RPC200V_0 的粒子速度和冲击波速度

飞片速度/(m/s)	粒子速度 u/(m/s)	冲击波速度 D/(m/s)
300	143	3187
500	238	3129
800	387	3317
1000	487	3505
1200	583	3785

根据表 7.1 中 RPC200V_0 粒子速度 u 和冲击波速度 D 的计算结果，绘制 D-u Hugoniot 曲线，并与试验中得出的 D-u Hugoniot 曲线进行对比，图 7.35 为试验和仿真下的 D-u Hugoniot 曲线对比图，曲线方程见表 7.2。

表 7.2　RPC200V_0 的试验和仿真 D-u Hugoniot 曲线方程

类型	D-u Hugoniot 曲线方程
试验曲线	$D = 2794 + 1.85u$
仿真曲线	$D = 2878 + 1.39u$

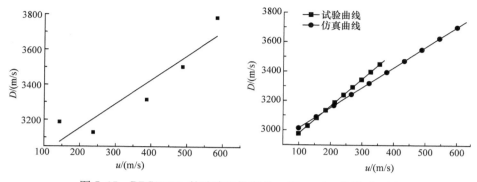

图 7.35　RPC200V$_0$ 的试验和仿真 D-u Hugoniot 曲线对比图

2. RPC200V$_1$

图 7.36～图 7.40 为采用 LS-DYNA 有限元分析软件仿真 RPC200V$_1$ 的一级轻气炮试验时，粒子、靶片 2 和靶片 3 的速度时程曲线，其中 5 个飞片速度分别为 300m/s、500m/s、800m/s、1000m/s 和 1200m/s。

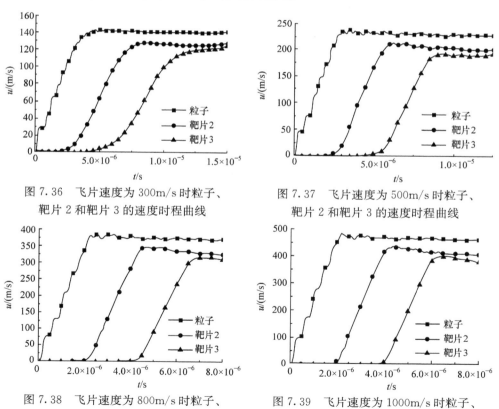

图 7.36　飞片速度为 300m/s 时粒子、
靶片 2 和靶片 3 的速度时程曲线

图 7.37　飞片速度为 500m/s 时粒子、
靶片 2 和靶片 3 的速度时程曲线

图 7.38　飞片速度为 800m/s 时粒子、
靶片 2 和靶片 3 的速度时程曲线

图 7.39　飞片速度为 1000m/s 时粒子、
靶片 2 和靶片 3 的速度时程曲线

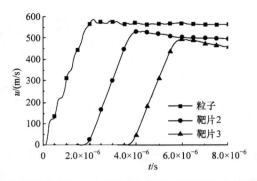

图 7.40　飞片速度为 1200m/s 时粒子、靶片 2 和靶片 3 的速度时程曲线

由图 7.36～图 7.40 粒子速度时程曲线可以看出，飞片分别以 300m/s、500m/s、800m/s、1000m/s 和 1200m/s 的速度撞击靶片后，粒子速度 u 分别为 142m/s、241m/s、386m/s、484m/s 和 584m/s，同样均约等于撞击靶片前飞片速度的 1/2。

通过确定靶片 2 和靶片 3 速度起跳点之间的时间差和单片靶片的厚度，计算出飞片撞击靶片后冲击波在试块中的传播速度 D，表 7.3 为不同冲击速度下 RPC200V_1 的粒子速度和冲击波速度的计算结果。

表 7.3　RPC200V_1 的粒子速度和冲击波速度

飞片速度/(m/s)	粒子速度 u/(m/s)	冲击波速度 D/(m/s)
300	142	3514
500	241	3555
800	386	3842
1000	484	3997
1200	584	4251

根据表 7.3 RPC200V_1 的粒子速度 u 和冲击波速度 D 的计算结果，绘制 D-u Hugoniot 曲线，图 7.41 为试验和仿真下的 D-u Hugoniot 曲线对比图，表 7.4 为

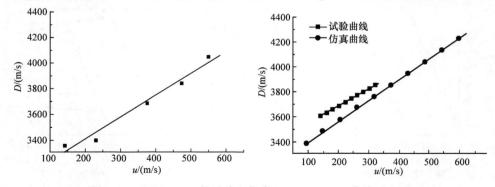

图 7.41　RPC200V_1 的试验和仿真 D-u Hugoniot 曲线对比图

对应的 Hugoniot 曲线方程。

表 7.4 RPC200V$_1$ 的试验和仿真 D-u Hugoniot 曲线方程

类型	D-u Hugoniot 曲线方程
试验曲线	$D=3391+1.40u$
仿真曲线	$D=3208+1.70u$

3. RPC200V$_3$

图 7.42～图 7.46 为仿真 RPC200V$_3$ 一级轻气炮试验时,粒子、靶片 2 和靶片 3 的速度时程曲线,其中 5 个飞片速度分别为 300m/s、500m/s、700m/s、900m/s 和 1100m/s。

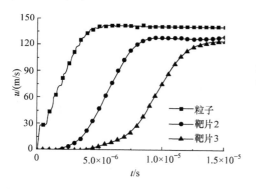

图 7.42 飞片速度为 300m/s 时粒子、
靶片 2 和靶片 3 的速度时程曲线

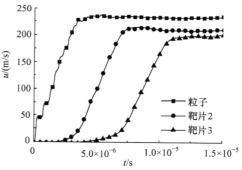

图 7.43 飞片速度为 500m/s 时粒子、
靶片 2 和靶片 3 的速度时程曲线

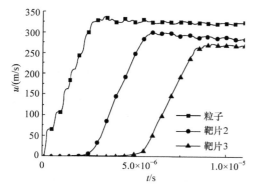

图 7.44 飞片速度为 700m/s 时粒子、
靶片 2 和靶片 3 的速度时程曲线

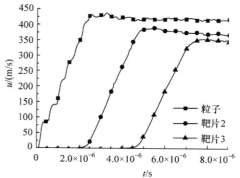

图 7.45 飞片速度为 900m/s 时粒子、
靶片 2 和靶片 3 的速度时程曲线

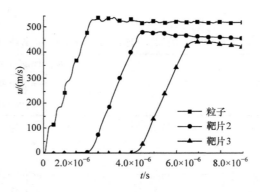

图 7.46　飞片速度为 1100m/s 时粒子、靶片 2 和靶片 3 的速度时程曲线

由图 7.42~图 7.46 粒子速度时程曲线可以看出,飞片分别以 300m/s、500m/s、700m/s、900m/s 和 1100m/s 的速度撞击靶片之后,粒子速度 u 分别为 142m/s、238m/s、339m/s、439m/s 和 535m/s,同样均约等于撞击靶片之前飞片速度的一半。

通过确定靶片 2 和靶片 3 速度起跳点之间的时间差和单片靶片的厚度,计算出飞片撞击靶片之后冲击波在试块中的传播速度 D,表 7.5 为不同冲击速度 RPC200V_3 的粒子速度和冲击波速度的计算结果。

表 7.5　RPC200V_3 的粒子速度和冲击波速度

飞片速度/(m/s)	粒子速度 u/(m/s)	冲击波速度 D/(m/s)
300	142	3887
500	238	4094
700	339	4291
900	439	4440
1100	535	4563

根据表 7.5 为 RPC200V_3 粒子速度 u 和冲击波速度 D 的计算结果,绘制 D-u Hugoniot 曲线,图 7.47 为试验和仿真下的 D-u Hugoniot 曲线对比图,表 7.6 为对应的 Hugoniot 曲线方程。

表 7.6　RPC200V_3 的试验和仿真 D-u Hugoniot 曲线方程

类型	D-u Hugoniot 曲线方程
试验曲线	$D=3683+1.98u$
仿真曲线	$D=3672+1.72u$

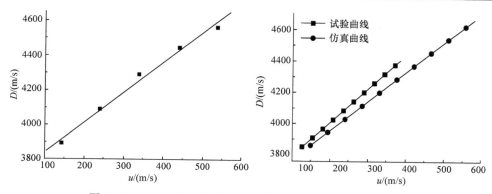

图 7.47　RPC200V$_3$ 的试验和仿真 $D\text{-}u$ Hugoniot 曲线对比图

4. RPC200V$_5$

图 7.48～图 7.53 为仿真 RPC200V$_5$ 一级轻气炮试验时,粒子、靶片 2 和靶片 3 的速度时程曲线,其中 5 个飞片速度分别为 300m/s、600m/s、800m/s、1000m/s、1200m/s 和 1500m/s。

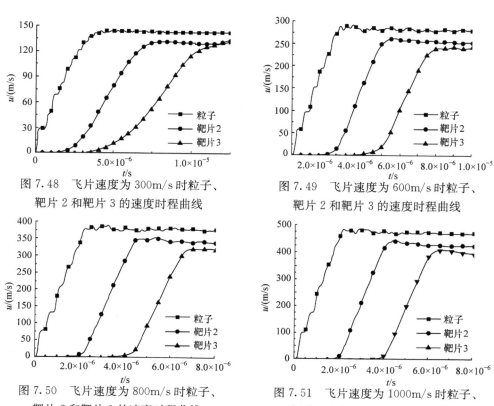

图 7.48　飞片速度为 300m/s 时粒子、靶片 2 和靶片 3 的速度时程曲线

图 7.49　飞片速度为 600m/s 时粒子、靶片 2 和靶片 3 的速度时程曲线

图 7.50　飞片速度为 800m/s 时粒子、靶片 2 和靶片 3 的速度时程曲线

图 7.51　飞片速度为 1000m/s 时粒子、靶片 2 和靶片 3 的速度时程曲线

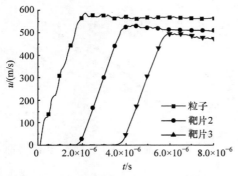

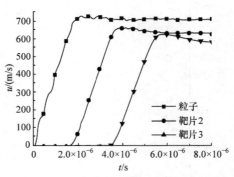

图 7.52　飞片速度为 1200m/s 时粒子、
靶片 2 和靶片 3 的速度时程曲线

图 7.53　飞片速度为 1500m/s 时粒子、
靶片 2 和靶片 3 的速度时程曲线

由图 7.48～图 7.53 粒子速度时程曲线可以看出，飞片分别以 300m/s、600m/s、800m/s、1000m/s、1200m/s 和 1500m/s 的速度撞击靶片之后，粒子速度 u 分别为 144m/s、292m/s、390m/s、487m/s、587m/s 和 733m/s，同样均约等于飞片撞击靶片之前的飞片速度的 1/2。

通过确定靶片 2 和靶片 3 速度起跳点之间的时间差和单片靶片的厚度，计算出飞片撞击靶片之后冲击波在试块中的传播速度 D，表 7.7 为不同冲击波速度下 RPC200V$_5$ 的粒子速度和冲击波速度的计算结果。

表 7.7　RPC200V$_5$ 的粒子速度和冲击波速度

飞片速度/(m/s)	粒子速度 u/(m/s)	冲击波速度 D/(m/s)
300	144	4252
600	292	4506
800	390	4710
1000	487	4817
1200	587	5079
1500	733	5259

根据表 7.7 RPC200V$_5$ 粒子速度 u 和冲击波速度 D 的计算结果，绘制 D-u Hugoniot 曲线，图 7.54 为试验和仿真下的 D-u Hugoniot 曲线对比图，表 7.8 为对应的 Hugoniot 曲线方程。

表 7.8　RPC200V$_5$ 的试验和仿真 D-u Hugoniot 曲线方程

类型	D-u Hugoniot 曲线方程
试验曲线	$D=4164+1.62u$
仿真曲线	$D=4006+1.74u$

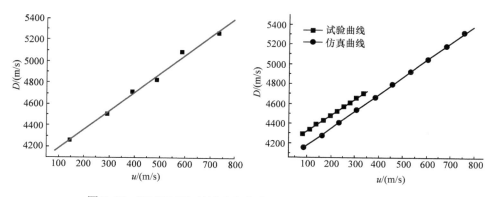

图 7.54　RPC200V$_5$ 的试验和仿真 D-u Hugoniot 曲线对比图

通过图 7.35、图 7.41、图 7.47、图 7.54 和表 7.2、表 7.4、表 7.6、表 7.8 可以看出,各系列 RPC200 对应的试验和仿真下的 D-u Hugoniot 曲线及方程均比较接近,说明各系列 RPC200 一级轻气炮试验的数值仿真结果能较真实地反映试验的过程以及飞片和靶片的受力特点与破坏特征,所得到的仿真结果具有一定的可信度。

7.3.3　活性粉末混凝土高压状态方程仿真和分析

根据第 6 章通过 D-u Hugoniot 曲线推导高压状态方程的方法,将 7.3.2 节用 LS-DYNA 有限元分析软件仿真得到的 D-u 曲线进行计算推导,得出 RPC200 的 Grüneisen 型高压状态方程见表 7.9,图 7.55～图 7.58 为 RPC200 试验和数值仿真下的 Grüneisen 型高压状态方程对比曲线。图 7.59 和图 7.60 分别为通过仿真和试验得到的 RPC200 的 Grüneisen 型高压状态方程曲线。

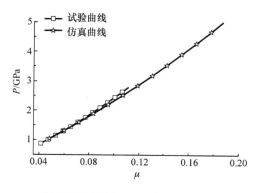

图 7.55　RPC200V$_0$ 的 Grüneisen
型对比曲线

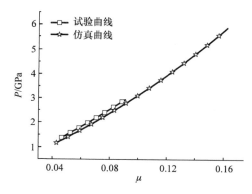

图 7.56　RPC200V$_1$ 的 Grüneisen
型对比曲线

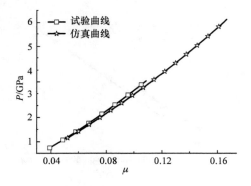

图 7.57 RPC200V$_3$ 的 Grüneisen 型对比曲线

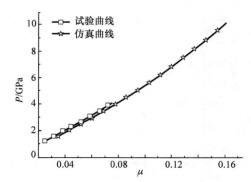

图 7.58 RPC200V$_5$ 的 Grüneisen 型对比曲线

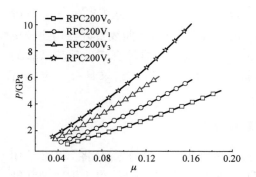

图 7.59 仿真下 RPC200 的 Grüneisen 型曲线

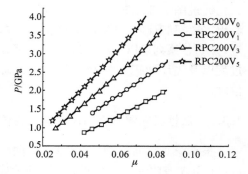

图 7.60 试验下 RPC200 的 Grüneisen 型曲线

表 7.9 试验及仿真所得 Grüneisen 型高压状态方程

材料种类		Grüneisen 型高压状态方程
RPC200V$_0$	试验曲线	$P=18.355\mu+47.570\mu^2+96.579\mu^3$
	仿真曲线	$P=19.446\mu+33.435\mu^2+28.600\mu^3$
RPC200V$_1$	试验曲线	$P=27.554\mu+49.404\mu^2+40.096\mu^3$
	仿真曲线	$P=24.748\mu+55.634\mu^2+97.466\mu^3$
RPC200V$_3$	试验曲线	$P=33.792\mu+97.592\mu^2+207.086\mu^3$
	仿真曲线	$P=33.632\mu+78.937\mu^2+134.053\mu^3$
RPC200V$_5$	试验曲线	$P=45.148\mu+100.040\mu^2+123.490\mu^3$
	仿真曲线	$P=41.951\mu+97.832\mu^2+187.256\mu^3$

对比图 7.55～图 7.58 以及表 7.9 可以看出，一级轻气炮试验和 LS-DYNA 数值仿真得到的 Grüneisen 型高压状态方程及曲线比较接近，说明 RPC200V$_0$、

RPC200V$_1$、RPC200V$_3$ 和 RPC200V$_5$ 一级轻气炮试验的数值仿真结果能反映试验的过程以及飞片和靶片的受力特点与破坏特征，所得到的 Grüneisen 型高压状态方程仿真结果具有一定的可信度。

根据图 7.59 和图 7.60 可以看出，随着钢纤维体积率的增加，RPC200 的 Grüneisen 型高压状态方程曲线越陡，RPC200 压力随体应变的增加而增大，即在相同的体应变下，钢纤维体积率大的 RPC200 压力的增量要比钢纤维体积率小的增量大，这也反映了在冲击荷载作用下，RPC200 的动态抗压强度是随着钢纤维体积率增加而升高的。

7.4　小　　结

1. 钢纤维混凝土 SHPB 冲击试验仿真

（1）采用 LS-DYNA 有限元分析软件对 C40、C100 系列钢纤维混凝土和 RPC200 的 SHPB 试验过程进行了数值仿真，混凝土的本构关系采用 HJC 本构模型，Hopkinson 压杆本构关系采用胡克定律，混凝土试块和压杆之间的接触类型选择侵蚀面面接触，破坏准则采用最大应变破坏准则，钢纤维增强与增韧作用则通过材料强度与失效应变来体现。数值仿真结果与试验结果有较好的相似性，基本能够反映出试块受力与破坏的特征，具有一定的可信度。

（2）在 SHPB 冲击试验过程中，试块内部应力波经历了多次来回振荡后近似稳定。这反映出试块内部应力趋近于均匀之前，经历了初始状态的应力振荡，初始状态的应力不均匀性是产生试验误差的原因之一。

（3）在 SHPB 冲击试验过程中，试块的破坏稍微滞后于应力峰值。试块的破坏是从周边脱落开始的，逐渐发展到试块中间。试块破坏过程的数值仿真也在一定程度上反映了钢纤维混凝土优异的抗冲击性能。在相同的冲击速度下，钢纤维混凝土试块各个时刻的破坏程度轻于基体混凝土试块，当基体混凝土试块几乎碎裂时，钢纤维混凝土试块还基本保持完整。

2. 活性粉末混凝土一级轻气炮冲击试验仿真

（1）采用有限元软件 LS-DYNA 对 RPC200 在 300～1500m/s 速度下的一级轻气炮试验过程进行了数值仿真，本构模型、接触类型、破坏准则等与 SHPB 试验的仿真基本相同，数值仿真结果与试验结果有较好的相似性，具有一定的可信度。

（2）一级轻气炮冲击仿真过程中，靶板背面出现层裂，中心位置层裂程度较边缘处轻，仿真反映碰撞发生后，RPC200 试块中冲击波传播的物理过程以及边界效应导致的层裂现象。

（3）在压缩的初始阶段，一级轻气炮试验压力时程曲线的仿真与试验对比结果比较吻合，随着时间与位置的推移，两者相差越来越显著，这主要是由于RPC200 的微孔洞使侧向稀疏效应大幅增加，造成冲击波提早衰减，压缩段变短，同时由于 RPC200 微孔洞多，采用较厚靶板会加剧这种现象。

（4）采用 LS-DYNA 软件对 RPC200 一级轻气炮试验过程进行了数值仿真，基于仿真数据，得出了 RPC200 的 D-u Hugoniot 曲线以及 Grüneisen 型高压状态方程。试验和仿真得到的 RPC200 的 D-u Hugoniot 曲线和 Grüneisen 型高压状态方程具有一定的相似性，数值仿真能够较真实地反映试验过程中的飞片和靶片的受力特征，所得到的仿真结果具有一定的可信度。

参 考 文 献

［1］中华人民共和国国务院新闻办公室.《2002 年中国的国防》白皮书［N］.北京:解放军报,
　　　2002-12-10.

［2］程天明.高技术武器伤害的宏观探讨［J］.解放军医学杂志,2003,28(6):482－485.

［3］李伯松,贺永胜.常规武器爆炸震动的研究现状及方向［C］//中国土木工程学会防护工程分
　　　会第八次学术年会,三亚,2003:204－208.

［4］电子工业科技信息中心.军事评论:空间——最终的高地［EB/OL］.http://mil. news. sina.
　　　com. cn/2003-06-02/129678. html［2017-05-27］.

［5］何唐甫,侯蓉.美国常规深钻地武器新近研究动态［J］.防护工程,1999,21(4):89－95.

［6］潘人俊,何唐甫,陈贵堂.守者须坚盾——漫谈国外防空工程建设［N］.解放军报,2001-03-
　　　28(12).

［7］Hartmann T. Steel Fiber Reinforced Concrete［D］. Stockholm:KTH Royal Institute of Tech-
　　　nology,1999.

［8］孙伟.钢纤维对高强砼的增强、增韧与阻裂效应的研究［J］.东南大学学报(自然科学版),
　　　1991,21(1):50－57.

［9］Li Z J,Mu B,Chang T Y P,et al. Prediction of overall tension behavior of short fiber-rein-
　　　forced composites［J］. International Journal of Solids and Structures,1999,36(27):4071－4087.

［10］Abdul-Ahad R B,Aziz O Q. Flexural strength of reinforced concrete T-beams with steel
　　　fibers［J］. Cement & Concrete Composites,1999,21(4):263－268.

［11］Lim D H,Oh B H. Experimental and theoretical investigation on the shear of steel fiber re-
　　　inforced concrete beams［J］. Engineering Structures,1999,21(10):937－944.

［12］Rao T D G,Seshu D R. Torsion of steel fiber reinforced concrete members［J］. Cement &
　　　Concrete Research,2003,33(11):1783－1788.

［13］高丹盈,刘建秀.钢纤维混凝土基本理论［M］.北京:科学技术文献出版社,1994:10－
　　　11,18－19.

［14］赵国藩,彭少明,黄承逵.钢纤维混凝土结构［M］.北京:中国建筑工业出版社,1999:3－
　　　4,15.

［15］Gopalaratnam V S,Gettu R. On the characterization of flexural toughness in fiber reinforced
　　　concretes［J］. Cement & Concrete Composites,1995,17(3):239－254.

［16］王璋水.钢纤维高强混凝土及其配筋梁的韧性［J］.水利学报,2002,33(增刊):20－23.

［17］孙伟,高建明.路面钢纤维混凝土特性和路面结构形式的研究［J］.中国公路学报,1995,
　　　8(1):30－37.

［18］孙伟,严云.钢纤维硅灰高强混凝土的力学行为及界面特性［J］.中国科学:A 辑,1992,(2):
　　　217－224.

［19］沈贵松,刘瑞朝,蔡灿柳.高含量高强钢纤维混凝土在防护工程中的应用研究［C］//中国土
　　　木工程学会防护工程分会第八次学术年会论文集,三亚,2003:704－707.

［20］余红发,孙伟,王晴,等.纤维增强高性能混凝土在西部盐湖中的抗冻性［J］.沈阳建筑工程
　　　学院学报(自然科学版),2004,20(2):130－135.

［21］小林一辅. 钢纤维混凝土［M］. 蒋之峰，译. 北京：冶金部建筑研究总院，1984：24—26.

［22］Nishioka K，Kakimi N，Yamakawa S. Effective applications of steel fiber reinforced concrete［C］// Fiber-reinforced Cement and Concrete，RILEM Symposium，Lancaster，1975：425—433.

［23］黄承逵. 纤维混凝土的研究与应用［M］. 大连：大连理工大学出版社，1992：61—77.

［24］Hannant D J，Edgington J. Durability of steel-fiber concrete［C］//Fiber Reinforced Cement and Concrete，RILEM Symposium，Lancaster，1975：159—169.

［25］Mangat P S，Gurusamy K. Corrosion resistance of steel fiber in concrete under marine exposure［J］. Cement & Concrete Research，1988，18(1)：44—54.

［26］Mangat P S，Gurusamy K. Long-term properties of steel fiber reinforced marine concrete［J］. Materials and Structures，1987，20(4)：273—282.

［27］Marsden W A. Applications of steel fibre reinforced concrete in Australia［C］//Concrete Institute of Australia Conference，Brisbane，1987：20—23.

［28］杨海燕，李劲，叶齐政，等. 钢纤维混凝土的吸波性能研究［J］. 功能材料，2002，33(2)：341—343.

［29］李旭，康青，周从直，等. 3mm 波段混凝土屏蔽材料的研究［J］. 后勤工程学院学报，2004，(1)：26—29.

［30］Hannant D J. Fiber Cements and Fiber Concretes［M］. Manchester：John Wiley & Sons，1978：83—84.

［31］Bischoff P H，Perry S H. Compressive behaviour of concrete at high strain rates［J］. Materials and Structures，1991，24(6)：425—450.

［32］过镇海. 钢筋混凝土原理［M］. 北京：清华大学出版社，1999：326—327.

［33］Tedesco J W，Ross C A，Hughes M L. Load rate effects on concrete compressive strength［C］// Proceedings of Sixth International Symposium on Interaction of Nonnuclear Munitions with Structures，Panama City，1993：194—197.

［34］王礼立，余同希，李永池. 冲击动力学进展［M］. 合肥：中国科学技术大学出版社，1992：379—413.

［35］Suaris W，Shah S P. Properties of concrete subjected to impact［J］. Journal of Structural Engineering，1983，109(7)：1727—1741.

［36］Tang T，Malvern L E，Jenkins D A. Rate effects in uniaxial dynamic compression of concrete［J］. Journal of Engineering Mechanics，1992，118(1)：108—124.

［37］Ross C A，Tedesco J W，Kuennen S T. Effects of strain rate on concrete strength［J］. ACI Materials Journal，1995，92(1)：37—47.

［38］Zhao H. A study on testing techniques for concrete—like materials under compressive impact loading［J］. Cement & Concrete Composites，1998，20(4)：293—299.

［39］Zhao H. Analysis of high strain rate dynamic tests on concrete［C］//The 5th International Symposium on Cement and Concrete. Shanghai：Tongji University Press，2002：583—589.

［40］Gary G，Bailly P. Behaviour of quasi-brittle material at high strain rate. Experiment and modelling［J］. European Journal of Mechanics-A/Solids，1998，17(3)：403—420.

[41] Thabet A, Haldane D. Three-dimensional numerical simulation of the behaviour of standard concrete test specimens when subjected to impact loading[J]. Computers & Structures, 2001,79(1):21—31.

[42] Marar K, Özgür E, Çelik T. Relationship between impact energy and compression toughness energy of high-strength fiber-reinforced concrete[J]. Materials Letters, 2001, 47 (4-5): 297—304.

[43] Lok T S, Li X B, Liu D, et al. Testing and response of large diameter brittle materials subjected to high strain rate[J]. Journal of Materials in Civil Engineering,2002,14(3):262—269.

[44] Li Q M, Meng H. About the dynamic strength enhancement of concrete—like materials in a split Hopkinson pressure bar test[J]. International Journal of Solids and Structures,2003, 40(2):343—360.

[45] Georgin J F, Reynouard J M. Modeling of structures subjected to impact: Concrete behaviour under high strain rate[J]. Cement & Concrete Composites,2003,25(1):131—143.

[46] Krauthammer T, Elfahal M M, Lim J, et al. Size effect for high-strength concrete cylinders subjected to axial impact[J]. International Journal of Impact Engineering,2003,28(9):1001—1016.

[47] Sukontasukkul P, Mindess S, Banthia N. Properties of confined fibre-reinforced concrete under uniaxial compressive impact[J]. Cement & Concrete Research,2005,35(1):11—18.

[48] Unosson M, Nilsson L. Projectile penetration and perforation of high performance concrete: Experimental results and macroscopic modeling[J]. International Journal of Impact Engineering,2006,32(7):1068—1085.

[49] Vossoughi F, Ostertag C P, Monteiro P J M, et, al. Monteiro resistance of concrete protected by fabric to projectile impact[J]. Cement & Concrete Research,2007,37(1):96—106.

[50] Dancygier A N, Yankelevsky D Z, Jaegermann C. Response of high performance concrete plates to impact of non-deforming projectiles[J]. International Journal of Impact Engineering,2007,34(11):1768—1779.

[51] Cotsovos D M, Pavlović M N. Numerical investigation of concrete subjected to compressive impact loading. Part 1: A fundamental explanation for the apparent strength gain at high loading rates[J]. Computers & Structures,2008,86(1):145—163.

[52] Cotsovos D M, Pavlović M N. Numerical investigation of concrete subjected to compressive impact loading. Part 2: Parametric investigation of factors affecting behaviour at high loading rates[J]. Computers & Structures,2008,86(s1-2):164—180.

[53] Forquin P, Gary G, Gatuingt F. A testing technique for concrete under confinement at high rates of strain[J]. International Journal of Impact Engineering,2008,35(6):425—446.

[54] Habel K, Gauvreau P. Response of ultra-high performance fiber reinforced concrete (UHP-FRC) to impact and static loading[J]. Cement & Concrete Composites,2008,30(10):938—946.

[55] Hao Y F, Hao H, Li Z X. Numerical analysis of lateral inertial confinement effects on impact test of concrete compressive material properties[J]. International Journal of Protective Structures, 2010, 1(1): 145—167.

[56] Zhou X Q, Hao H. Modelling of compressive behaviour of concrete—like materials at high strain rate[J]. International Journal of Solids and Structures, 2008, 45(17): 4648—4661.

[57] Forquin P, Safa K, Gary G. Influence of free water on the quasi-static and dynamic strength of concrete in confined compression tests[J]. Cement & Concrete Research, 2010, 40(2): 321—333.

[58] 王祥林,王立平,卢东红. 多功能 SHPB 装置及水泥石材料的动态性能研究[J]. 实验力学, 1995, 10(2): 110—119.

[59] 姜锡权. 水泥砂浆静动态力学行为及短纤维增强性能研究[D]. 合肥:中国科学技术大学, 1996.

[60] 胡时胜,王道荣,刘剑飞. 混凝土材料动态力学性能的实验研究[J]. 工程力学, 2001, 18(5): 115—118.

[61] 孟益平,胡时胜. 混凝土材料冲击压缩试验中的一些问题[J]. 实验力学, 2003, 18(1): 108—112.

[62] 巫绪涛,胡时胜,孟益平. 混凝土动态力学量的应变计直接测量法[J]. 实验力学, 2004, 19(3): 319—323.

[63] 陈德兴,胡时胜,张守保,等. 大尺寸 Hopkinson 压杆及其应用[J]. 实验力学, 2005, 20(3): 398—402.

[64] 胡时胜,王道荣. 冲击载荷下混凝土材料的动态本构关系[J]. 爆炸与冲击, 2002, 22(3): 242—246.

[65] 刘剑飞,胡时胜,王道荣. 用于脆性材料的 Hopkinson 压杆动态实验新方法[J]. 实验力学, 2001, 16(3): 283—290.

[66] 王道荣,胡时胜. 冲击载荷下混凝土材料损伤演化规律的研究[J]. 岩石力学与工程学报, 2003, 22(2): 223—226.

[67] 胡时胜. 研究混凝土材料动态力学性能的实验技术[J]. 中国科学技术大学学报, 2007, 37(10): 1312—1319.

[68] 严少华. 高强钢纤维混凝土抗侵彻理论与试验研究[D]. 南京:中国人民解放军理工大学, 2001.

[69] 严少华,李志成,王明洋,等. 高强钢纤维混凝土冲击压缩特性试验研究[J]. 爆炸与冲击, 2002, 22(3): 237—242.

[70] 严少华,钱七虎,姜锡全. 超短钢纤维高强混凝土静力与动力抗压特性对比试验及分析[J]. 混凝土与水泥制品, 2001, (1): 33—35.

[71] 严少华,段吉祥,尹放林,等. 高强混凝土 SHPB 试验研究[J]. 解放军理工大学学报(自然科学版), 2000, 1(3): 6—11.

[72] 严少华,郭志昆,陈立. 聚丙烯纤维增强轻骨料混凝土 SHPB 试验[J]. 解放军理工大学学报(自然科学版), 2008, 9(2): 156—160.

[73] 焦楚杰. 高与超高性能钢纤维砼抗冲击与抗爆研究[D]. 南京:东南大学, 2004.

[74] 焦楚杰,孙伟,高培正.钢纤维超高强混凝土动态力学性能[J].工程力学,2006,23(8): 86—89.

[75] 焦楚杰,孙伟,高培正.钢纤维高强混凝土抗爆炸研究[J].工程力学,2008,25(3):158—166.

[76] 焦楚杰,孙伟,秦鸿根,等.钢纤维高强混凝土单轴受压本构方程[J].东南大学学报(自然科学版),2004,34(3):366—369.

[77] 焦楚杰,孙伟,高培正.钢纤维高强混凝土中应变率本构关系[J].东南大学学报(自然科学版),2007,37(5):892—897.

[78] 焦楚杰,孙伟,高培正,等.钢纤维混凝土抗冲击研究[J].中山大学学报,2005,44(6): 41—44.

[79] 焦楚杰,孙伟,周云.钢纤维混凝土准静态单轴受压力学性能[J].重庆建筑大学学报,2006, 28(2):56—58.

[80] Jiao C J,Sun W,Huan S,et al. Behaviour of steel fiber reinforced high strength concrete at medium strain rate[J]. Frontiers of Architecture and Civil Engineering in China, 2009, 3(2):131—136.

[81] 焦楚杰,孙伟,张亚梅,等.钢纤维高强混凝土在不同应变率时的单轴受压性能[J].建筑结构,2004,34(8):65—67.

[82] 焦楚杰,詹镇峰,彭春元,等.混杂纤维混凝土抗压试验研究[J].广州大学学报(自然科学版),2007,6(4):70—73.

[83] 胡功笠,李赞成,郭锦江,等.中应变率下混凝土动态性能试验研究[C]//中国土木工程学会防护工程分会第九次学术年会,长春,2004:466—469.

[84] 侯晓峰,方秦,张育宁.高掺量聚丙烯纤维混凝土静动力性能试验研究[C]//中国土木工程学会防护工程分会第九次学术年会,长春,2004:459—465.

[85] 胡金生,周早生,唐德高,等.聚丙烯纤维增强混凝土分离式 Hopkinson 压杆压缩试验研究[J].土木工程学报,2004,37(6):12—15.

[86] 胡金生,杨秀敏,周早生,等.钢纤维混凝土与聚丙烯纤维混凝土材料冲击荷载下纤维增韧特性试验研究[J].建筑结构学报,2005,26(2):101—105.

[87] 胡功笠,刘荣忠,齐爱东,等.混凝土材料的 SHPB 试验及动态性能分析[J].南京理工大学学报,2005,29(4):420—424.

[88] 巫绪涛,胡时胜,陈德兴,等.钢纤维高强混凝土冲击压缩的试验研究[J].爆炸与冲击, 2005,25(2):125—131.

[89] 巫绪涛.钢纤维高强混凝土动态力学性质的研究[D].合肥:中国科学技术大学,2006.

[90] 商霖,宁建国.强冲击载荷下混凝土动态本构关系[J].工程力学,2005,22(2):116—119.

[91] 宁建国,商霖,孙远翔.混凝土材料冲击特性的研究[J].力学学报,2006,38(2):199—208.

[92] 商霖,宁建国,孙远翔.强冲击载荷作用下钢筋混凝土本构关系的研究[J].固体力学学报, 2005,26(2):175—181.

[93] 宁建国,商霖,孙远翔.混凝土材料动态性能的经验公式、强度理论与唯象本构模型[J].力学进展,2006,36(3):389—405.

[94] 黄政宇,王艳,肖岩,等.应用 SHPB 试验对活性粉末混凝土动力性能的研究[J].湘潭大学

　　　　学报(自然科学版),2006,28(2):113—117.

[95] 闫东明,林皋,刘钧玉,等. 不同初始静态荷载下混凝土动态抗压特性试验研究[J]. 大连理工大学学报,2006,46(5):707—711.

[96] 闫东明,林皋. 不同环境下混凝土动态抗压特性试验研究[J]. 水利学报,2006,37(3):360—364.

[97] 施绍裘,王永忠,王礼立. 国产 C30 混凝土考虑率型微损伤演化的改进 Johnson-Cook 强度模型[J]. 岩石力学与工程学报,2006,25(增刊1):3250—3257.

[98] 王政,倪玉山,曹菊珍,等. 冲击载荷下混凝土本构模型构建研究[J]. 高压物理学报,2006,20(4):337—344.

[99] 陈德兴,张仕,余泽清,等. 冲击压缩下钢纤维高强混凝土应变率效应实验研究[J]. 混凝土与水泥制品,2007,(3):39—42.

[100] 李为民,许金余,沈刘军,等. 玄武岩纤维混凝土的动态力学性能[J]. 复合材料学报,2008,25(2):137—144.

[101] 宁建国,刘海峰,商霖. 强冲击荷载作用下混凝土材料动态力学特性及本构模型[J]. 中国科学:G辑,2008,38(6):759—772.

[102] 刘海峰,宁建国. 强冲击荷载作用下混凝土材料动态本构模型[J]. 固体力学,2008,29(3):281—288.

[103] 陶俊林,贾彬,刘丹,等. 混凝土材料高温动态压缩力学性能初步研究[C]//第五届全国爆炸力学实验技术学术会议,西安,2008:248—235.

[104] 王勇华,梁小燕,王正道,等. 活性粉末混凝土冲击压缩性能实验研究[J]. 工程力学,2008,25(11):167—172.

[105] 杜修力,田瑞俊,彭一江,等. 冲击荷载作用下混凝土抗压强度的细观力学数值模拟[J]. 北京工业大学学报,2009,35(2):213—217.

[106] 李为民,许金余,翟毅,等. 冲击荷载作用下碳纤维混凝土的力学性能[J]. 土木工程学报,2009,42(2):24—28.

[107] 李为民,许金余. 玄武岩纤维混凝土的冲击力学行为及本构模型[J]. 工程力学,2009,26(1):86—91.

[108] 许金余,李为民,杨进勇,等. 纤维增强地质聚合物混凝土的动态力学性能[J]. 土木工程学报,2010,43(2):127—132.

[109] 许金余,李为民,黄小明,等. 玄武岩纤维增强地质聚合物混凝土的动态本构模型[J]. 工程力学,2010,27(4):111—116.

[110] 陈万祥,郭志昆. 活性粉末混凝土基表面异形遮弹层的抗侵彻特性[J]. 爆炸与冲击,2010,30(1):51—57.

[111] 季斌,余红发,麻海燕,等. 三维编织钢纤维增强混凝土的冲击压缩性能[J]. 硅酸盐学报,2010,38(4):644—651.

[112] Tedesco J W,Ross C A,Kuennen S T. Experimental and numerical analysis of high strain rate splitting tensile tests[J]. ACI Materials Journal,1993,90(2):162—169.

[113] Lambert D E,Ross C A. Strain rate effects on dynamic fracture and strength[J]. Interna-

tional Journal of Impact Engineering,2000,24(10):985—998.

[114] Gomez J T,Shukla A,Sharma A. Static and dynamic behavior of concrete and granite in tension with damage[J]. Theoretical and Applied Fracture Mechanics,2001,36(1):37—49.

[115] Klepaczko J R,Brara A. An experimental method for dynamic tensile testing of concrete by spalling[J]. International Journal of Impact Engineering,2001,25(4):387—409.

[116] Fujikake K,Senga T,Ueda N,et al. Effects of strain rate on tensile behavior of reactive powder concrete[J]. Journal of Advanced Concrete Technology,2006,4(1):79—84.

[117] Ragueneau F,Gatuingt F. Inelastic behavior modelling of concrete in low and high strain rate dynamics[J]. Computers & Structures,2003,81(12):1287—1299.

[118] Barpi F. Impact behaviour of concrete:A computational approach[J]. Engineering Fracture Mechanics,2004,71(15):2197—2213.

[119] Weerheijm J. Axial dynamic tensile strength of concrete under static lateral compression[J]. Key Engineering Materials,2006,324(11):991—994.

[120] Maalej M,Quek S T,Zhang J. Behavior of hybrid-fiber engineered cementitious composites subjected to dynamic tensile loading and projectile impact[J]. Journal of Materials in Civil Engineering,2005,17(2):143—152.

[121] Leppänen J. Concrete subjected to projectile and fragment impacts:Modelling of crack softening and strain rate dependency in tension[J]. International Journal of Impact Engineering,2006,32(11):1828—1841.

[122] Schuler H,Mayrhofer C,Thoma K. Spall experiments for the measurement of the tensile strength and fracture energy of concrete at high strain rates[J]. International Journal of Impact Engineering,2006,32(10):1635—1650.

[123] Brara A,Klepaczko J R. Experimental characterization of concrete in dynamic tension[J]. Mechanics of Materials,2006,38(3):253—267.

[124] Brara A,Klepaczko J R. Fracture energy of concrete at high loading rates in tension[J]. International Journal of Impact Engineering,2007,34(3):424—435.

[125] Weerheijm J,van Doormaal J C A M. Tensile failure of concrete at high loading rates:New test data on strength and fracture energy from instrumented spalling tests[J]. International Journal of Impact Engineering,2007,34(3):609—626.

[126] Cotsovos D M,Pavlović M N. Numerical investigation of concrete subjected to high rates of uniaxial tensile loading[J]. International Journal of Impact Engineering,2008,35(5):319—335.

[127] Millard S G,Molyneaux T C K,Barnett S J,et al. Dynamic enhancement of blast-resistant ultra high performance fibre-reinforced concrete under flexural and shear loading[J]. International Journal of Impact Engineering,2010,37(4):405—413.

[128] 肖诗云,林皋,王哲,等. 应变率对混凝土抗拉特性影响[J]. 大连理工大学学报,2001,41(6):721—725.

[129] 肖诗云,田子坤. 混凝土单轴动态受拉损伤试验研究[J]. 土木工程学报,2008,41(7):

　　　　14—20.

[130] 胡时胜,张磊,武海军,等. 混凝土材料层裂强度的实验研究[J]. 工程力学,2004,21(4)：
　　　　128—132.

[131] 张磊,胡时胜. 混凝土层裂强度测量的新方法[J]. 爆炸与冲击,2006,26(6)：537—542.

[132] 张磊,胡时胜,陈德兴,等. 混凝土材料的层裂特性[J]. 爆炸与冲击,2008,28(3)：193—199.

[133] 张磊,胡时胜,陈德兴,等. 钢纤维混凝土的层裂特征[J]. 爆炸与冲击,2009,29(2)：
　　　　119—124.

[134] 张磊,陈德兴,余泽清. 骨料尺寸对混凝土层裂的影响[C]//第一届全国工程安全与防护
　　　　学术会议,南京,2008：364—370.

[135] 李夕兵,罗章,赵伏军. 中应变率下钢纤维混凝土受拉全过程实验研究[J]. 实验力学,
　　　　2004,19(3)：301—309.

[136] 陈大年,俞宇颖,尹志华,等. 一种新的概念性层裂模型[J]. 高压物理学报,2005,19(2)：
　　　　105—112.

[137] 李秀地,徐干成,郑颖人. 多次层裂面对混凝土中应力历史影响的研究[J]. 岩石力学与工
　　　　程学报,2005,24(增)：4849—4853.

[138] 赖建中,孙伟. 活性粉末混凝土的层裂性能研究[J]. 工程力学,2009,26(1)：137—141.

[139] 巫绪涛,代仁强,陈德兴,等. 钢纤维混凝土动态劈裂试验的能量耗散分析[J]. 应用力学学
　　　　报,2009,26(1)：151—155.

[140] 陈柏生,肖岩,黄政宇,等. 钢纤维活性粉末混凝土动态层裂强度试验研究[J]. 湖南大学学
　　　　报(自然科学版),2009,36(7)：12—16.

[141] 焦楚杰,蒋国平,高乐. 钢纤维混凝土动态劈裂实验研究[J]. 兵工学报,2010,31(4)：
　　　　469—472.

[142] Grady D E. Impact compression properties of concrete[C]// Proceedings of the 6th Inter-
　　　　national Symposium on Interaction of Nonnuclear Munitions with Structures,Panama Cit-
　　　　y,1993：173—175.

[143] Grady D E. Shock equation of state properties of concrete[R]. Albuquerque：Sandia Na-
　　　　tional Laboratories,1996：1—10.

[144] Rinehart E J,Welch C R. Material properties testing using high explosives[J]. Internation-
　　　　al Journal of Impact Engineering,1995,17(4-6)：673—684.

[145] Gebbeken N,Greulich S,Pietzsch A. Hugoniot properties for concrete determined by full-
　　　　scale detonation experiments and flyer-plate-impact tests[J]. International Journal of Im-
　　　　pact Engineering,2006,32(12)：2017—2031.

[146] 施绍裘,王礼立. 水泥砂浆石在一维与准一维应变状态下动态力学响应的比较和讨论[J].
　　　　岩石力学与工程学报,2001,20(3)：327—331.

[147] 严少华,钱七虎,周早生,等. 高强混凝土及钢纤维高强混凝土高压状态方程的实验研
　　　　究[J]. 解放军理工大学学报,2000,1(6)：49—53.

[148] 张凤国,李恩征. 大应变高应变率及高压强条件下混凝土的计算模型[J]. 爆炸与冲击,
　　　　2002,22(3)：198—202.

[149] 陈大年,刘国庆,俞宇颖,等. 高压、高应变率与低压、高应变率实验的本构关联性[J]. 高压

物理学报,2005,19(3):193—200.

[150] 宁建国,卢静涵,姜芳,等.一类钢筋混凝土材料的动态力学性能研究[J].兵工学报,2008,29(9):1108—1113.

[151] 陈克,黄德武,刘焜.基于 MCA 方法研究高速冲击下混凝土高压状态方程[J].弹箭与制导学报,2008,28(6):123—125.

[152] 王永刚,张远平,王礼立.C30 混凝土冲击绝热关系和 Grüneisen 型状态方程的实验研究[J].物理学报,2008,57(12):7789—7793.

[153] 王永刚,王礼立.平板撞击下 C30 混凝土中冲击波的传播特性[J].爆炸与冲击,2010,30(2):119—124.

[154] 姜芳,陈涛,宁建国.钢筋混凝土在冲击载荷下的动态力学性能[J].材料工程,2009,(3):45—49.

[155] 焦楚杰,蒋国平,浣石,等.混凝土高压状态方程研究[C]//第十三届纤维混凝土学术会议暨第二届海峡两岸三地混凝土技术研讨会,南京,2010.

[156] 焦楚杰,孙伟,秦鸿根,等.中含量钢纤维高强混凝土施工工艺优选[J].建筑技术,2004,35(1):34—35.

[157] 大连理工大学.CECS 38:2004 纤维混凝土结构技术规程[S].北京:中国计划出版社,2004.

[158] 上海市市政工程研究院.DG/TJ 08—011—2002 切断型钢纤维混凝土应用技术规程[S].上海:上海市建设和管理委员会,2002.

[159] 国家工业建筑诊断与改造工程技术研究中心.CECS 161:2004 喷射混凝土加固技术规程[S].北京:中国工程建设标准化协会,2004.

[160] 中交公路规划设计院有限公司.JTGD40—2011 公路水泥混凝土路面设计规范[S].北京:人民交通出版社,2011.

[161] 交通运输部公路科学研究院.JTG/TF30—2014 公路水泥混凝土路面施工技术细则[S].北京:人民交通出版社,2014.

[162] 中铁一局集团有限公司,铁道部经济规划研究院.TZ 204—2008 铁路隧道工程施工技术指南[S].北京:中国铁道出版社,2008.

[163] 上海市建筑科学研究院(集团)有限公司.DJG 08—59—2006 钢锭铣削型钢纤维混凝土应用技术规程[S].上海:上海市建设和交通委员会,2007.

[164] 黄士元,蒋家奋,杨南如,等.近代混凝土技术[M].西安:陕西科学技术出版社,1998:457—458.

[165] 中国建筑科学研究院.GB 50010—2010 混凝土结构设计规范[S].北京:中国建筑工业出版社,2012.

[166] 蒋协炳.高强混凝土结构设计与施工指南[M].2 版.北京:中国建筑工业出版社,2001:90—91.

[167] 蒲心诚,王勇威.高效活性矿物掺料与混凝土的高性能比[J].混凝土,2002,(2):3—6.

[168] 哈尔滨建筑工程学院,大连理工大学.CECS 13:89 钢纤维混凝土试验方法[S].北京:中国计划出版社,1996.

[169] ASTM Subcommittee. ASTM C1018-97 Standard Test Method for Flexural Toughness and First Crack Strength of Fiber-reinforced Concrete(Using Beam with Third-point Loading)[S]. Philadelphia:American Society of Testing and Materials,1998.

[170] Olivito R S,Zuccarello F A. An experimental study on the tensile strength of steel fiber reinforced concrete[J]. Composites Part B:Engineering,2010,41(3):246－255.

[171] 韩嵘,赵顺波,曲福来. 钢纤维混凝土抗拉性能试验研究[J]. 土木工程学报,2006,39(11):63－67.

[172] Fantilli A P,Mihashi H,Vallini P. Multiple cracking and strain hardening in fiber-reinforced concrete under uniaxial tension[J]. Cement & Concrete Research,2009,39(12):1217－1229.

[173] 焦楚杰,孙伟,高培正,等. 钢纤维超高强混凝土力学性能[J]. 防护工程,2005,27(4):23－26.

[174] 龚益,沈荣熹,李清海. 杜拉纤维在土建工程中的应用[M]. 北京:机械工业出版社,2002:21,289－290.

[175] 过镇海. 混凝土的强度和变形——试验基础和本构关系[M]. 北京:清华大学出版社,1997:36－37.

[176] 徐积善. 强度理论及其应用[M]. 北京:水利电力出版社,1984:147－149.

[177] 周氏,康清梁,童保全. 现代钢筋混凝土基本理论[M]. 上海:上海交通大学出版社,1989:72－79.

[178] Hsu T T C,Slate F O,Sturman G M,et al. Microcracking of plain concrete and the shape of the stress-strain curve[J]. ACI Journal Proceedings,1963,60(2):209－224.

[179] Desayi P,Krishnan S. Equation for the stress-strain curves of concrete[J]. ACI Journal Proceedings,1964,61(3):345－350.

[180] Popovics S. A review of stress-strain relationships of concrete[J]. ACI Journal Proceedings,1970,67(3):243－248.

[181] Carreira D J,Chu K H. Stress-strain relationships for plain concrete in compress[J]. ACI Journal Proceedings,1985,82(6):797－804.

[182] Hognestad E,Hanson N W,McHenry D. Concrete stress distribution in ultimate strength design[J]. ACI Journal Proceedings,1955,52(12):455－480.

[183] Park R,Paulay T. Reinforced Concrete Structures[M]. New York:John Wiley & Sons,1975.

[184] Ramesh K,Seshu D R,Prabhakar M. Constitutive behaviour of confined fiber reinforced concrete under axial compression[J]. Cement & Concrete Composites,2003,25(3):343－350.

[185] 过镇海,张秀琴. 单调荷载下混凝土的应力应变全曲线的试验研究[C]//科学研究报告集. 第三集. 北京:清华大学出版社,1981:1－18.

[186] 杨木秋,林泓. 混凝土单轴受压受拉应力-应变全曲线的试验研究[J]. 水利学报,1992,23(6):60－66.

[187] 高丹盈. 重复荷载下钢纤维混凝土轴压全曲线的研究[J]. 水力发电,1994,(5):18－22.

[188] Ezeldin A S,Balaguru P N. Normal and high-strength fiber-reinforced concrete under com-pression[J]. Journal of Materials in Civil Engineering,1992,4(4):415—429.

[189] Lin S H,Hsu C T T. Stress-strain behaviour of steel fiber high strength concrete under compression[J]. ACI Structural Journal,1994,91(4):448-457.

[190] Wee T H,Chin M S,Mansur M A. Stress-strain relationship of high-strength concrete in compression[J]. Journal of Materials in Civil Engineering,1996,8(2):70—76.

[191] Mansur M A,Chin M S,Wee T H. Stress-strain relationship of confined high-strength plain and fiber concrete[J]. Journal of Materials in Civil Engineering,1997,9(4):171—179.

[192] Mansur M A,Chin M S,Wee T H. Stress-strain relationship of high-strength fiber con-crete in compression[J]. Journal of Materials in Civil Engineering,1999,11(1):21—29.

[193] Nataraja M C,Dhang N,Gupta A P. Stress-strain curves for steel-fiber reinforced concrete under compression[J]. Cement & Concrete Composites,1999,21(5-6):383—390.

[194] Ding Y N,Kusterle W. Compressive stress-strain relationship of steel fiber-reinforced con-crete at early age[J]. Cement & Concrete Research,2000,30(10):1573—1579.

[195] Unal O,Demir F,Uygunoglu T. Fuzzy logic approach to predict stress-strain curves of steel fiber-reinforced concretes in compression [J]. Building and Environment, 2007, 42(10):3589—3595.

[196] Sun W,Yan Y. Mechanical behavior and interfacial performance of steel fiber reinforced silica fume high strength concrete[J]. Science in China Series A:Mathematics, 1992, 35(5):607—617.

[197] 曲福进,赵国藩,黄承逵.砂浆渗浇钢纤维砼轴拉应力-应变全曲线的试验研究[J].大连理工大学学报,1996,36(6):785—788.

[198] 严少华,钱七虎,孙伟,等.钢纤维高强混凝土单轴压缩下应力-应变关系[J].东南大学学报(自然科学版),2001,31(2):77—80.

[199] 赵顺波,孙晓燕,黄承逵.钢纤维高强混凝土基本力学性能试验研究[J].水利学报,2002,33(增刊):93—99.

[200] 何化南,黄承逵.钢纤维自应力混凝土受拉应力-应变全曲线试验研究[J].大连理工大学学报,2004,44(5):710—713.

[201] 刘曙光,黄承逵,王清湘,等.钢纤维改善高强混凝土单轴受压特性的试验研究[J].工业建筑,2005,35(11):78—80.

[202] 焦楚杰,孙伟,赖建中,等.生态型活性粉末混凝土单轴压缩力学性能[J].工业建筑,2004,34(1):60—62.

[203] 焦楚杰,孙伟,高培正,等.钢纤维高强混凝土力学性能研究[J].混凝土与水泥制品,2005,(3):35—38.

[204] 焦楚杰,孙伟,高培正,等.钢纤维混凝土力学性能试验研究[J].广州大学学报(自然科学版),2005,4(4):357—361.

[205] 焦楚杰,张季超,孙伟.钢纤维混凝土单轴受压试验研究[J].建筑科学,2005,21(5):1—5.

[206] 施士昇.混凝土的抗剪强度、剪切模量和弹性模量[J].土木工程学报,1999,32(2):

47－52.

[207] Chen W F,Saleeb K H. Constitutive Equations for Engineering Materials[M]. New York: Elsevier,1994:1－2.

[208] 过镇海,时旭东. 钢筋混凝土原理和分析[M]. 北京:清华大学出版社,2003:115－116.

[209] Tedesco J W,Powell J C,Ross C A,et al. A strain-rate-dependent concrete material model for ADINA[J]. Computers & Structures,1997,64(5-6):1053－1067.

[210] 曹菊珍,周淑荣,李恩征. 材料的本构关系在数值计算中的作用[J]. 兵工学报,1998,(1): 69－72.

[211] Swamy R N. The technology of steel fiber reinforced concrete for practical applications[J]. Proceedings of the Institution of Civil Engineers,1974,85(1):143－159.

[212] Tasdemir C,Tasdemir M A,Lydon F D,et al. Effects of silica fume and aggregate size on the brittleness of concrete[J]. Cement & Concrete Research,1996,26(1):63－68.

[213] Watstein D. Effect of strain rate on the compressive strength and elastic properties of concrete[J]. ACI Journal Proceedings,1953,49(4):729－744.

[214] Anbuvelan K,Subramanian K. Experimental investigations on elastic properties of concrete containing steel fibre[J]. International Journal of Engineering and Technology,2014,6(1): 171－177.

[215] 朱元芳. 刚性试验机[M]. 北京:煤炭工业出版社,1985:78－103.

[216] 徐梓祈,刘运立. 试验机刚度测试技术[J]. 实验力学,1991,6(2):216－221.

[217] Hudson J A,Grouch S L,Fairhurst C. Soft, stiff and servo-controlled testing machine:A review with reference to roch failure[J]. Engineering Geology,1972,6(2):155－189.

[218] 余仲芳,陈小平. 关于刚性试验机的刚度设计[J]. 计量技术,1996,(7):19－22.

[219] 姚利郎. 高性能混凝土弹性模量与抗压强度试验研究[J]. 山西交通科技,2015,(3):3－5.

[220] Gesolu M,Güneyisi E,Özturan T. Effects of end conditions on compressive strength and static elastic modulus of very high strength concrete[J]. Cement & Concrete Research, 2002,32(10):1545－1550.

[221] Wang H L,Li Q B. Prediction of elastic modulus and Poisson's ratio for unsaturated concrete[J]. International Journal of Solids and Structures,2007,44(5):1370－1379.

[222] Zhao X H,Chen W F. The effective elastic moduli of concrete and composite materials[J]. Composites Part B:Engineering,1998,29(1):31－40.

[223] 蒲心诚,严吴南. 高流态超高强混凝土研制[J]. 混凝土,1997,(2):3－11.

[224] Ren Z,Chen M,Lu Z,et al. Dynamic mechanical property of hybrid fiber reinforced concrete(HFRC)[J]. Journal of Wuhan University of Technology:Materials Science Edition, 2012,27(4):783－788.

[225] Shkolnik I E. Influence of high strain rates on stress-strain relationship,strength and elastic modulus of concrete[J]. Cement & Concrete Composites,2008,30(10):1000－1012.

[226] 董毓利. 混凝土非线性力学基础[M]. 北京:中国建筑工业出版社,1997:3.

[227] 王志军,蒲心诚. 超高强混凝土单轴受压性能及应力应变曲线的试验研究[J]. 重庆建筑大

学学报,2000,22(增刊):27—33.

[228] Bonneau O,Poulin C,Dugat J. Reactive powder concrete:From theory to practice[J]. Concrete International,1996,18(4):47—49.

[229] Staquet S,Espion B. Influence of cement and silica fume type on compressive strength of reactive powder concrete[C]//High Performance Concrete—Workbility,Strength and Durability,Hong Kong,2000:861—866.

[230] Comite Euro-International du Beton. Concrete structures under impact and impulsive loading[R]. Dubrovnik:CEB Bulletin D'Information,1988.

[231] Zulas J A,Nicholas T,Swift H F,et al. Impact Dynamics[M]. New York:John Wiley & Sons,1982:45—46.

[232] William D R. Equation of state measurements of materials using a three-state gun to impact velocities of 11km/s[J]. International Journal of Impact Engineering,2001,26(1-10):625—637.

[233] Trucano T G,Chhabildas L C. Computational design of hypervelocity launchers[J]. International Journal of Impact Engineering,1995,17(4-6):849—860.

[234] Li W M,Xu J Y. Impact characterization of basalt fiber reinforced geopolymeric concrete using a 100-mm-diameter split Hopkinson pressure bar[J]. Materials Science and Engineering:A,2009,513(15):145—153.

[235] Yon J H,Hawkins N M,Kobayashi A S. Strain-rate sensitivity of concrete mechanical properties[J]. ACI Materials Journal,1992,89(2):146—153.

[236] Ross C A,Thompson P Y,Tedesco J W. Split-Hopkinson press-bar test on concrete and mortar in tension and compress[J]. ACI Materials Journal,1989,86(5):475—481.

[237] Coughlin A M,Musselman E S,Schokker A J,et al. Behavior of portable fiber reinforced concrete vehicle barriers subject to blasts from contact charges[J]. International Journal of Impact Engineering,2010,37(5):521—529.

[238] Silva P F,Lu B G. Improving the blast resistance capacity of RC slabs with innovative composite materials[J]. Composites Part B:Engineering,2007,38(5-6):523—534.

[239] Yan S H,Qian Q H. An empirical equation for penetration depth of projectiles into SIF-CON targets[C]//Proceedings of the 3rd Asia-Pacific Conference on Shock and Impact Loads on Structures,Singapore,1999:521—525.

[240] Lok T S,Pei J S. Impact resistance and ductility of steel fiber reinforced concrete panels[J]. Transactions Hong Kong Institution of Engineers,1996,3(3):7—16.

[241] Kennedy R P. A review of procedures for analysis and design of concrete structures to resist missile impact effect[J]. Nuclear Engineering and Design,1976,37(2):183—203.

[242] Schwer L E,Day J. Computational techniques for penetration of concrete and steel targets by oblique impact of deformable projectiles[J]. Nuclear Engineering and Design,1991,52(2):215—238.

[243] Forrestal M J,Frew D J,Hanchak S J,et al. Penetration of grout and concrete targets with

ogive-nose steel projectiles[J]. International Journal of Impact Engineering,1996,18(5): 465—476.

[244] Dancygier A N,Yankelevsky D Z. High strength concrete response to hard projectile impact[J]. International Journal of Impact Engineering,1996,18(6):583—599.

[245] Bishop R F,Hill R,Mott N F. The theory of indentation and hardness tests[J]. Proceedings of the Physics Society,1945,57(2):147—159.

[246] Hopkinson B. A method of measuring the pressure produced in the detonation of high explosive or by the impact of bullets[J]. Philosophical Transactions of the Royal Society of London,1914,A213:437—452.

[247] Kolsky H. An investigation of the mechanical properties of materials at very high rates of loading[J]. Proceedings of the Physical Society,1949,B(62):676—700.

[248] Ross C A,Kuennen T S. Fracture of concrete at high strain rate[C]//Toughening Mechanism in Quasi-Brittle Materials. Amsterdam:Kluwer Academic Publishers,1991:577—591.

[249] Pullen A D,Sheridan A J,Newman J B. Dynamic compress behavior of concrete at strain rates up to 10^3/s—Comparison of physical experiments with hydrocode simulations[C]// Proceedings of the 6th International Symposium on Interaction of Nonnuclear Munitions with Structures,Panama City,1993:182—187.

[250] Peters J,Anderson W F,Waston A J. Use of large diameter Hopkinson bar to investigate the stress pulse generated during high velocity projectile penetration into construction materials[C]//Proceedings of the 6th International Symposium on Interaction of Nonnuclear Munitions with Structures,Panama City,1993:188—193.

[251] Albertini C,Cadoni E,Labibes K. Impact fracture process and mechanical properties of plain concrete by means of a Hopkinson bar bundle[J]. Journal de Physique Archives, 1997,7(3):915—920.

[252] Shan R L,Jiang Y S,Li B Q. Obtaining dynamic complete stress-strain curves for rock using the split Hopkinson pressure bar technique[J]. International Journal of Rock Mechanics and Mining Sciences,2000,37(6):983—992.

[253] Díaz-Rubio F G,Pérez J R,Gálvez V S. The spalling of long bars as a reliable method of measuring the dynamic tensile strength of ceramics[J]. International Journal of Impact Engineering,2002,27(2):161—177.

[254] 胡时胜. 霍普金森压杆技术[J]. 兵器材料科学与工程,1991,(11):40—47.

[255] 巫绪涛,胡时胜,杨伯源,等. SHPB技术研究混凝土动态力学性能存在的问题和改进[J]. 合肥工业大学学报(自然科学版),2004,27(1):63—66.

[256] Gong J C,Malvern L E,Jenkins D A. Dispersion investigation in the split Hopkinson pressure bar[J]. Journal of Engineering Material,1990,112(3):309—314.

[257] Dioh N N,Leevers P S,Williams J G. Thickness effects in split Hopkinson pressure bar tests[J]. Polymer,1993,34(20):4230—4234.

[258] Zhao H,Gary G. On the use SHPB techniques to determine the dynamic behavior of mate-

rials in the range of small strains[J]. International Journal of Solids and Structures,1996, 33(23):3363—3375.

[259] Davies R M. A critical study of Hopkinson pressure bar[J]. Philosophical Transactions of the Royal Society of London. Series A:Mathematical,Physical and Engineering Sciences, 1948,240(821):375—457.

[260] 刘孝敏,胡时胜. 大直径 SHPB 弥散效应的二维数值分析[J]. 实验力学,2000,15(4): 371—376.

[261] 刘孝敏,胡时胜. 压力脉冲在变截面 SHPB 锥杆中的传播特性[J]. 爆炸与冲击,2000, 20(2):110—114.

[262] Li X B,Lok T S,Zhao J,et,al. Oscillation elimination in the Hopkinson bar apparatus and resultant complete dynamic stress-strain curves for rocks[J]. International Journal of Rock Mechanics and Mining Sciences,2000,37(7):1055—1060.

[263] Frew D J,Forrestal M J,Chen W. Pulse shaping techniques for testing brittle materials with a split Hopkinson pressure bar[J]. Experimental Mechanics,2002,42(1):93—106.

[264] Frew D J,Forrestal M J,Chen W. Pulse shaping techniques for testing elastic-plastic materials with a split Hopkinson pressure bar[J]. Experimental Mechanics, 2005, 45 (2): 186—195.

[265] Chen W,Song B,Frew D J,et al. Dynamic small strain measurements of a metal specimen with a split Hopkinson pressure bar[J]. Experimental Mechanics,2003,43(1):20—23.

[266] 李夕兵,周子龙,王卫华. 运用有限元和神经网络为 SHPB 装置构造理想冲头[J]. 岩石力学与工程学报,2005,24(23):4215—4218.

[267] Malinowski J Z,Klepaczko J R. Dynamic frictional effects as measured from the split Hopkinson bar[J]. Journal of Mechanics Science,1986,28(3):381—391.

[268] 陶俊林. SHPB 实验技术若干问题研究[D]. 绵阳:中国工程物理研究院,2005.

[269] Davies E D H,Hunter S C. The dynamic compression testing of solids by the method of the split Hopkinson pressure bar[J]. Journal of the Mechanics and Physics of Solids, 1963,11(3):155—179.

[270] Bertholf L D,Karnes C H. Two-dimensional analysis of the split Hopkinson pressure bar system[J]. Journal of the Mechanics and Physics of Solids,1975,23(1):1—19.

[271] Kinra V K,李培宁. 在杆中切口间断处脉冲波的反射及透射[J]. 固体力学学报,1983, 4(2):197—208.

[272] 王道荣,胡时胜. 骨料对混凝土材料冲击压缩行为的影响[J]. 实验力学,2002,17(1): 23—27.

[273] 肖大武,胡时胜. SHPB 实验试块横截面积不匹配效应的研究[J]. 爆炸与冲击,2007, 27(1):87—90.

[274] 王礼立. 应力波基础[M]. 2 版. 北京:国防工业出版社,2005:42—43.

[275] Brace W F,Jones A H. Comparison of uniaxial deformation in shock and static loading of three rocks[J]. Geophysical Research,1971,76(20):4913—4921.

[276] Janach W. The role of bulking in brittle failure of rocks under rapid compression[J]. International Journal of Rock Mechanics & Mining Sciences & Geomechanics, 1976, 13(6): 177—186.

[277] Burlion N, Gatuingt F, Pijaudier-Cabot G, et al. Compaction and tensile damage in concrete: constitutive modelling and application to dynamics[J]. Computer Methods in Applied Mechanics and Engineering, 2000, 183(3-4): 291—308.

[278] Mattei N J, Mehrabadi M M, Zhu H N. A micromechanical constitutive model for the behavior of concrete[J]. Mechanics of Materials, 2007, 39(4): 357—379.

[279] Sima J F, Roca P, Molins C. Cyclic constitutive model for concrete[J]. Engineering Structures, 2008, 30(3): 695—706.

[280] Al-Rub R K A, Kim S M. Computational applications of a coupled plasticity-damage constitutive model for simulating plain concrete fracture[J]. Engineering Fracture Mechanics, 2010, 77(10): 1577—1603.

[281] 张盛东. 混凝土本构理论研究进展与评述[J]. 南京建筑工程学院学报, 2002, (3): 44—53.

[282] 中国建筑标准设计研究院, 北京市民防局. DB11/994—2013 平战结合人民防空工程设计规范[S]. 北京, 2013.

[283] Malvern L E. The propagation of longitudinal waves of plastic deformation in a bar of material exhibiting a strain-rate effect[J]. Journal of Applied Mechanics, 1951, 18(2): 203—208.

[284] 张守中. 爆炸与冲击动力学[M]. 北京: 兵器工业出版社, 1993: 329—333, 134—135.

[285] Bodner S R, Partom I, Partom Y. Uniaxial cyclic loading of elastic-viscoplastic materials[J]. Archives of Mechanics, 1979, 46(4): 805—810.

[286] Bischoff P H, Perry S H. Impact behavior of plain concrete loading in uniaxial compression[J]. Journal of Engineering Mechanics, 1995, 121(6): 685—693.

[287] Antoun J R, Rajendran A M. Effect of strain rate and size on tensile strength of concrete[C]// Proceedings of the Topical Conference on Shock Compression of Condensed Matter. Williamsburg: Elsevier, 1992: 501—504.

[288] Daimaruya M, Kobayashi H, Syam B, et al. Impact a measuring method for impact tensile strength of brittle materials[J]. Journal of the Society of Materials Science Japan, 1996, 45(7): 823—828.

[289] 马宏伟, 张立军, 闫晓鹏. 混凝土动态劈裂拉伸试验的数值模拟[J]. 宁波大学学报(理工版), 2003, 16(4): 349—353.

[290] 黄政宇, 秦联伟, 肖岩, 等. 级配钢纤维活性粉末混凝土的动态拉伸性能的试验研究[J]. 铁道科学与工程学报, 2007, 4(4): 34—40.

[291] London J W, Quinney H. Experiment with the pressure Hopkinson bar[C]//Proceedings of the Royal Society of London, 1923: 622—643.

[292] Goldsmith W, Polivka M, Yang T. Dynamic behavior of concrete[J]. Experimental Mechanics, 1966, 6(2): 65—79.

[293] Watson A J，Sanderson A J. The resistance of concrete to shock[C]//Proceedings of the Conference on Mechanics and Physics，Behaviour of Materials Under Dynamic Loading，Oxford，1979：156－163.

[294] 江水德，任辉启，赵大勇，等. 钢纤维高强混凝土杆抗爆炸剥落试验研究[J]. 防护工程，2004，26(2)：1－6.

[295] Najar J. Dynamic tensile fracture phenomena at wave propagation in ceramic bars[J]. Journal de Physique IV，1994，4(8)：647－652.

[296] Johnstone C，Ruiz C. Dynamic testing of ceramics under tensile stress[J]. International Journal of Solids and Structures，1995，32(17-18)：2647－2656.

[297] Diamaruya M，Kobayashi H，Nonaka T. Impact tensile strength and fracture of concrete[J]. Journal de Physique IV，1997，C3(S)：253－258.

[298] Daimaruya M，Kobayashi H. Measurements of impact tensile strength of concrete and mortar using reflected tensile stress waves[J]. Journal de Physique IV，2000，10(9)：173－178.

[299] Gálvez F，Rodríguez J，Sánchez V. Tensile strength measurements of ceramic materials at high rates of strain[J]. Journal de Physique IV，1997，C3(S)：151－156.

[300] 张磊. 混凝土层裂强度的研究[D]. 合肥：中国科学技术大学，2006.

[301] Meyers M A. Dynamic Behavior of Materials[M]. 张庆明，刘彦，黄风雷，等译. 北京：国防工业出版社，2006：115－120.

[302] 汤文辉，张若棋. 物态方程理论及计算概论[M]. 北京：高等教育出版社，2008：210－211.

[303] 王金贵. 气体炮原理及技术[M]. 北京：国防工业出版社，2001.

[304] 经福谦. 实验物态方程导引[M]. 2 版. 北京：科学出版社，1999.

[305] 经福谦，陈俊祥. 动高压原理与技术[M]. 北京：国防工业出版社，2006.

[306] 季顺迎，李鹏飞，陈晓东. 冲击荷载下颗粒物质缓冲性能的试验研究[J]. 物理学报，2012，61(18)：184703.

[307] 喻寅，王文强，杨佳，等. 多孔脆性介质冲击波压缩破坏的细观机理和图像[J]. 物理学报，2012，61(4)：48103.

[308] Grady D E. Experimental analysis of spherical wave propagation[J]. Journal of Geophysical Research，1973，78(8)：1299－1307.

[309] 胡建波，俞宇颖，戴诚达. 冲击加载下铝的剪切模量[J]. 物理学报，2005，54(12)：5750－5754.

[310] 马晓青. 冲击动力学[M]. 北京：北京理工大学出版社，1992：158－159.

[311] Holmquist T J，Johnson G R. A computational constitutive model for glass subjected to large strains，high strain rates and high pressures[J]. Journal of Applied Mechanics，2011，78(5)：051003.

[312] 肖波齐，范金土，蒋国平，等. 纳米流体对流换热机理分析[J]. 物理学报，2012，61(15)：317－322.

[313] Xiao B Q，Jiang G P，Chen L X. A fractal study for nucleate pool boiling heat transfer of nanofluids[J]. Science China：Physics，Mechanics & Astronomy，2010，53(1)：30－37.

［314］王永刚,张远平,王礼立. C30 混凝土冲击绝热关系和 Grüneisen 型状态方程的实验研究［J］. 物理学报,2008,57(12):7789—7793.

［315］Berlinsky Y,Rosenberg Z. Measurement of the Hugoniot curve of PZT 54/46 with commercial manganin stress gauges［J］. Journal of Physics D:Applied Physics,1980,13(5): 861—868.

［316］Rosenberg Z,Meybar Y,Yaziv D. Measurement of the Hugoniot curve of Ti-6Al-4V with commercial manganin stress gauges［J］. Journal of Physics D:Applied Physics,1981, 14(2):261—266.

［317］Rosenberg Z. Determination of the Hugoniot elastic limits of differently treated 2024 Al specimens［J］. Journal of Physics D:Applied Physics,1982,15(7):1137—1142.

［318］邵蕴秋. ANSYS 8.0 有限元分析实例导航［M］. 北京:中国铁道出版社,2004:2—3.

［319］张朝晖. ANSYS 8.0 结构分析及实例解析［M］. 北京:机械工业出版社,2006:2—4.

［320］王金龙,王清明,王伟章. ANSYS 12.0 有限元分析与范例解析［M］. 北京:机械工业出版社,2010:26—49.

［321］张凤国,李恩征. 混凝土撞击损伤模型参数的确定方法［J］. 弹道学报,2001,13(4): 12—16.